펴낸날 초판 1쇄 2015년 9월 10일 ｜ 초판 8쇄 2021년 4월 15일

지은이 TV조선 〈살림9단의 만물상〉 제작팀

펴낸이 임호준
편집 박햇님 김유진 고영아 이상미
디자인 정윤경 ｜ **마케팅** 정영주 길보민
경영지원 나은혜 박석호 ｜ **IT 운영팀** 표형원 이용직 김준홍 권지선

기획 장문정 ｜ **표지 일러스트** 영수
인쇄 (주)웰컴피앤피

펴낸곳 비타북스 ｜ **발행처** (주)헬스조선 ｜ **출판등록** 제2-4324호 2006년 1월 12일
주소 서울특별시 중구 세종대로 21길 30 ｜ **전화** (02) 724-7664 ｜ **팩스** (02) 722-9339
포스트 post.naver.com/vita_books ｜ **블로그** blog.naver.com/vita_books ｜ **인스타그램** @vitabooks_official

ISBN 979-11-5846-017-4   13590

비타북스는 독자 여러분의 책에 대한 아이디어와 원고 투고를 기다리고 있습니다.
책 출간을 원하시는 분은 이메일 vbook@chosun.com으로 간단한 개요와 취지, 연락처 등을 보내주세요.

비타북스는 건강한 몸과 아름다운 삶을 생각하는 (주)헬스조선의 출판 브랜드입니다.

'만' 가지 알찬 정보와 '물' 만난 살림꾼들의 '상' 상초월 비법!

살림9단의
만물상 2

TV조선 〈살림9단의 만물상〉 제작팀 지음

비타북스

여러분도
살림의 고수가 될 수 있습니다

보는 재미가 있다! 따라 하는 재미가 있다! 살림의 고수로 거듭나는 재미가 있다!

바로 〈살림9단의 만물상〉 프로그램에 뜨거운 관심을 보여준 시청자들의 반응입니다.

이렇듯 매 방송마다 소개되는 살림 고수들의 노하우와 특급 비법은 폭발적인 관심을 넘어 화젯거리가 되었고, 다음 날이면 포털 사이트에서 검색어 1위를 놓치지 않았습니다.

'만 가지 알찬 정보와 물 만난 살림꾼들의 상상초월 비법'을 소개하는 콘셉트로 전국 방방곡곡에 숨어 있는 살림9단들의 알토란 같은 살림 비법과 건강 비법을 전수해주었지요. 그들의 알짜배기 생활 밀착형 살림 정보와 건강 비책을 TV 프로그램으로만 만나기엔 아쉬워 〈살림9단의 만물상〉 첫 번째에 이어 두 번째 책을 준비했습니다. 가족 건강을 챙기는 비책은 물론 살림의 품격을 높여주는 〈살림9단의 만물상〉 속의 보석 같은 살림 비법들만 묶었습니다.

사실 살림에는 정답이 없습니다. 그래서 더더욱 살림9단들의 노하우와 비법이 환영받는 것이겠지요. 인터넷에서 클릭 몇 번만 하면 금세 알 수 있는 자칭 '살림 달인'들의 노하우와는 차원이 다릅니다. 오랜 시간 직접 체험해 얻은 생활 밀착형의 유용한 정보이기에 그들의 살림 비법과 노하우만 전수받으면 어렵고 힘든 살림도 뚝딱, 가족의 건강을 위한 보약 밥상도 뚝딱 해낼 수 있으니까요. 살림이라고는 아무것도 모르는 초보 주부도, 너무 거해진 살림으로 지친 베테랑 주부도 만물상 고수들의 비법만 따라 한다면 살림의 신으로 거듭나는 건 시간문제일 겁니다.

〈살림9단의 만물상〉 두 번째 책에는 폭발적인 시청률을 기록한 내용들만 엄선해 담았습니다. 파트 1에는 요즘 가장 핫한 건강 키워드, 유산균과 장 건강에 대한 정보를 실었습니다. 파트 2에는 '약이 되는 음식'을 주제로 몸속 노폐물을 배출하는 해독 식재료, 항암 효과가 강력한 식재료, 제철에 나는 보약 식재료 등 흔히 볼 수 있지만 사실 엄청난 힘을 발휘하는 식재료와 활용법을 담았습니다. 파트 3은 훔치고 싶은 살림 고수들의 요리 레시피와 완벽한 청소의 비법 등 쾌적 살림법을 소개했습니다. 1권과 가장 큰 차별점은 스페셜 페이지로 100세 시대를 위한 건강 특강을 수록한 것이지요. 노안 잡고 뼈 회춘시키는 운동은 물론 목, 어깨, 무릎 등 만성 통증의 해답도 알려드립니다.

마지막으로 내공 있는 10년 차 주부 MC 김원희 씨와 재미있는 입담과 몸 사리지 않는 생생한 실험으로 궁금증을 풀어주었던 네 명의 패널 김한석 씨, 안문숙 씨, 이광기 씨, 김민희 씨에게 감사의 인사를 전하고 싶습니다. 1권 못지않게 이 책도 많은 사람에게 유익한 정보로 활용되길 바랍니다. 더도 말고 덜도 말고 만물상의 비법만 따라 하면 살림의 고수를 넘어 살림의 신에 이를 수 있다고 자신합니다. 이제 〈살림9단의 만물상 2〉와 함께 똑소리 나게 살림 한 번 해볼까요?

TV조선 〈살림9단의 만물상〉 제작팀

Contents

2 PART 약이 되는 음식 식약동원

Chapter 07 단맛의 비밀

Chapter 08 집에서 찾은 명약

PART 3 똑소리 나는 요리 비법 & 살림 비법

Chapter 11 훔치고 싶은 특급 요리 레시피

Health Special 100세 시대 건강 특강

Part 1

살림9단의
만물상

best of best

당신의 운명이 바뀌는
건강 4계명

스트레스를 다스리자
장 건강을 챙기자
체온을 1℃ 올리자
생활습관을 바꾸자

수많은 건강 비법이 유행하는 요즘, 비법을 따라 하는 것보다 더 중요한 건 기본을 지키는 일이다. 생활 속에서 꼭 지켜야 하는 기본을 회복시킨 다음에 비법을 행해야 효과를 제대로 얻을 수 있다. 일상에서 지나치기 쉽지만 조금만 신경 쓰면 실천할 수 있는 건강 4계명을 소개한다.

스트레스를 다스리자

스트레스에는 좋은 스트레스와 나쁜 스트레스가 있다. 좋아하는 사람을 만나러 커피숍에 가는 길이라고 상상해보자. 가슴이 콩닥콩닥 뛰면서 손에 땀이 날 것이다. 이때 받는 것은 좋은 스트레스(eustress). 반면 빚쟁이를 만나러 커피숍에 가는 길이라면 같은 증상을 겪더라도 받는 것은 나쁜 스트레스(distress)다. 대부분의 사람들이 스트레스는 무조건 건강에 해로울 거라 생각하지만, 좋은 스트레스를 받는 것은 건강에 좋다. 오히려 받지 않으면 우울증이 생길 수도 있다. 우리가 다스려야 할 것은 물론 만병의 근원이 되는 나쁜 스트레스다. 특히 긴 시간 동안 받는 만성 스트레스에 주목해야 한다.

우리나라 사람들은 나이, 직업, 성별에 상관없이 스트레스의 강도가 대단히 높다. 대다수가 극심한 만성 스트레스에 시달리고 있는 것이 현실. 평균 수명이 80세까지 늘어나면서 삶의 양적인 면은 늘어났지만, 스트레스로 인해 삶의 질은 바닥으로 내려가고 있다. 이제는 80세까지 사는 게 중요하지 않다. 80세까지 건강하게 사는 것이 중요하다. 그러기 위해서는 나쁜 스트레스를 이겨내고 삶의 질을 회복해야 한다.

운명을 바꾸는 스트레스 해결법, 컬러 푸드

스트레스를 받으면 몸에서 활성산소가 많이 생성된다. 활성산소는 호흡하는 과정에서 체내에 들어오거나 몸속 대사 과정에서 산화되는 산소를 말한다. 소량의 활성산소는 살균 작용과 적절한 노화 작용을 해서 몸에 이롭지만, 활성산소가 많아지면 혈관을 막고 세포를 공격하고 산화시켜 암과 같은 질병을 일으킨다.

활성산소는 산성이다. 따라서 산성을 중화하려면 알칼리 성분을 투입해야 한다. 알칼리 성분을 함유한 대표적인 식품은 바로 색깔 있는 채소와 과일. 항산화 물질을 함유하고 있는 이런 컬러 푸드는 체내 활성산소를 중화시켜 몸의 산성화를 막아준다.

일상생활에서 스트레스를 받지 않는 것은 불가능하다. 따라서 스트레스를 피할 수 없다면 그 스트레스를 받기 전에 컬러 푸드를 다량 섭취하여 혈액 속에 중화제를 꽉 채워둘 필요가 있다. 어른뿐만 아니라 아이도 마찬가지. 초등학교부터 고등학교까지 시험으로 인해 만성 스트레스를 받는 아이들에게 평소

More Tip

스트레스에 술과 고기는 적!

스트레스를 풀려고 술을 마시는 사람들이 있다. 술은 체내에서 분해되면서 활성산소가 가장 좋아하는 아세트알데히드를 생성한다. 또 술과 함께 산성 식품인 고기를 먹으면 체내가 산성화되어 활성산소 발생에 일조한다. 따라서 스트레스를 받았을 때 고기와 술은 절대 금물!

컬러 푸드를 먹여 스트레스에 대비
하도록 한다. 이것이 바로 생활 속
에서 나쁜 스트레스를 좋은 스트레
스로 바꾸는 가장 좋은 방법이다.

컬러 푸드가 스트레
스를 받는 우리 몸의
예방주사네요.

약이 되는 컬러 푸드, 어떻게 먹을까?

아무리 좋은 컬러 푸드도 한 가지만 먹거나 너무 많은 양을 먹으면 오히려 해
로울 수 있다. 컬러 푸드를 섭취하는 가장 좋은 방법은 다양한 컬러 푸드의
모든 부위(줄기, 잎, 열매, 껍질 등)를 골고루 섞어 '전체식 주스'로 만들어 먹
는 것이다. 예를 들면 당근이나 무, 고구마, 감자 등의 뿌리와 브로콜리, 시금
치 등의 잎, 블루베리나 토마토 등의 열매를 함께 갈아서 주스를 만든다. 이
렇게 만든 주스를 '적당히' 먹어야 하는데, 여기서 '적당히'란 여러 가지 과일
을 씹어 먹었을 때 먹을 수 있는 양을 말한다.

컬러 푸드를 섭취할 때 주의해야 할 점이 있다. 슈퍼푸드로 많이 알려진 토마
토를 예로 들어보자. 토마토에는 리코펜이라는 항산화 성분이 들어 있는데
이 성분은 지용성이다. 그런데 지용성 성분은 그냥 섭취할 경우 장에서 흡수
되지 않는다. 토마토를 날것으로 먹으면 4%만 몸속에 흡수되고 나머지는 장
속을 돌아다니면서 오히려 장을 힘들게 만든다. 따라서 토마토 같은 지용성
식품은 흡수율을 높이기 위해 날것으로 먹든, 갈아서 먹든, 삶아 먹든, 구워
먹든 항상 올리브유나 참기름 같은 기름과 함께 먹어야 한다. 또는 호두나 아

 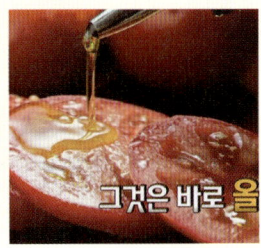 

몬드, 땅콩, 잣 등의 견과류와 같이 먹는다. 견과류에는 불포화지방산이 들어 있어 섭취하면 몸속에서 기름을 분해하는 효소가 나오는데, 이 분해 효소가 지용성 식품의 항산화 물질을 몸이 100% 흡수하도록 도와준다.

More Tip

대표적인 컬러 푸드

빨 – 토마토, 사과, 석류, 딸기, 체리, 앵두, 수박, 팥, 대추, 홍고추, 오미자, 빨간색 파프리카, 홍피망 등
주 – 당근, 주황색 파프리카, 귤, 오렌지, 망고, 감 등
노 – 레몬, 단호박, 자몽, 옥수수, 파인애플 등
초 – 시금치, 부추, 브로콜리, 쑥갓, 오이, 키위, 매실 등
흑 – 김 · 미역 · 다시마 등의 해조류, 검은콩, 검은깨, 흑미 등
백 – 배, 마, 양배추, 무, 야콘, 마늘, 양파, 버섯, 감자 등
보 – 포도, 블루베리, 가지, 적양파 등

• 수용성 식품 – 파프리카, 귤, 딸기, 키위 등   • 지용성 식품 – 토마토, 단호박, 쑥갓, 당근 등

장 건강을 챙기자

중요한 일을 앞두고 배가 사르르 아프거나 여행을 가서 없던 변비가 생긴 경험이 있을 것이다. 이는 장이 스트레스에 굉장히 민감하기 때문에 일어나는 일. 장을 음식물 찌꺼기를 배출하는 통로 정도로만 생각하는 사람이 많은데, 사실 장은 우리 몸에서 훨씬 더 중요한 역할을 한다. 우선 면역세포의 70~80%가 장에 존재한다. 즉, 장 건강을 챙기지 않으면 면역력이 저하되어 모든 질병에 직·간접적으로 노출된다. 또한 행복의 감정을 느끼게 하는 '행복 호르몬', 세로토닌이 대부분 장에서 만들어진다. 그래서 장이 불편한 사람 치고 행복한 얼굴을 하고 있는 사람은 없을 것이다. 그렇다면 이렇게 중요한 장 건강을 위해 무엇을 해야 할까? 가장 쉽고 간편한 방법으로 현미밥 씹어 먹기를 추천한다.

현미밥 50번 이상 씹어 먹기

건강한 장을 만들기 위해 가장 먼
저 실천해야 할 일은 좋은 단백질
과 좋은 탄수화물, 좋은 지방으로
이루어진 '균형식'을 먹는 것이다.
그리고 이것들을 태우는 역할을

하는 미네랄, 비타민, 식이섬유도 골고루 먹어야 한다.

그중 좋은 탄수화물인 현미는 영양학적으로 훌륭한 전체식. 하지만 불용성
식이섬유를 많이 함유하고 있어 몸에 잘 흡수되지 않는다. 흡수율을 높이려
면 많이 씹어야 한다. 아무리 몸에 좋은 현미라도 장에서 소화·흡수되지 않
으면 독이 될 뿐. 따라서 현미는 무조건 50번 이상 씹어 먹는다. 습관적으로
밥을 씹지 않고 넘기는 사람이 많은데, 밥을 빨리 먹으면 입과 위는 즐겁지만
장은 힘들다. 몇 숟가락만이라도 꼭꼭 씹어 먹으면 위는 허전해도 장은 즐겁
다. 지금까지 입과 위의 즐거움만을 위해 식사했다면 이제부터는 위와 장의
건강을 함께 챙기는 식사를 하는 건 어떨까.

 현미밥 스트레스 없이 오래 씹어 먹는 법

• 식전에 샐러드 먹기

사실 밥을 먹을 때마다 50번씩 씹기는 쉽지 않다. 또 의무감으로 50번을 세면서 먹으
면 오히려 스트레스를 받아 좋지 않을 수 있다. 따라서 식전에 자신이 좋아하는 과일
과 채소를 한 접시 먼저 먹어 씹는 훈련을 한 다음 현미를 씹어 먹는다.

• 현미밥에 들깨 얹어 먹기

톡톡 터지는 들깨 소리를 들으며 들깨가 더 이상 터지지 않을 때까지 씹으면 40번 이상 씹은 것이다. 들깨에는 장 건강을 활발히 돕는 불용성 식이섬유가 풍부하고 오메가 3도 들어 있어 현미와 들깨를 함께 먹으면 일석삼조의 효과를 볼 수 있다.

🥣 현미에서 피트산 손쉽게 제거하기

현미에 들어 있는 피트산에는 인 성분이 많은데, 인은 칼슘을 고체화해 변으로 내보내는 역할을 한다. 칼슘이 체내에서 배출되는 것이 걱정되면 현미에서 피트산을 제거하고 먹는다.

1. 현미에 현미보다 5배 많은 양의 물을 붓고 하루 정도 불린다.

2. 불린 물에서 1/10의 물을 빼내 냉장고에 넣어 보관하고 나머지는 버린다.

> **Tip** 빼낸 물에는 현미 유산균이 살아있는데, 이 유산균이 피트산을 먹어 치우는 원리를 이용한 것. 이 과정을 통해 피트산이 30% 정도 제거된다.

3. 다시 현미에 현미보다 5배 많은 양의 물을 붓고 여기에 ②에서 빼낸 물을 넣는다.

4. 다시 하루 정도 불린 다음 물의 1/10을 빼낸다.

5. ①~④의 과정을 세 번 반복하면 피트산을 90% 이상 제거할 수 있다.

불린 물은 항상 버려야 해요.

체온을 1℃ 올리자

건강의 기본 중 기본은 체온을 유지하는 것이다. 사람의 정상 체온은 36.5℃ 인데, 여기에서 1℃만 낮아져도 신진대사가 정상적으로 이뤄지지 않고 면역력이 30%나 낮아진다. 몸속에 따뜻한 피가 흐르고 면역체가 제 역할을 하기에 가장 좋은 온도가 36.5℃이기 때문이다. 수치상으로 보면 1℃는 큰 의미 없는 것 같지만, 체온이 떨어졌다면 그 원인을 알아낸 뒤 반드시 회복해야 한다.

체온이 낮아지는 이유는 다양하지만 그중 대표적인 것이 과식하는 습관이다. 먹는 양에 비해 에너지를 적게 쓰면 남는 에너지가 지방으로 축적되고 근육

체온	생리적 변화
37~36.5℃	정상 체온
36℃	몸을 약간 떠는 상태로 수면 상태의 체온
35~33℃	저체온증 상태로 심하게 몸을 떨며 감각이 무뎌지고 정신이 혼미해짐 (35℃ 이하부터 몸을 심하게 떨기 시작)
32~28℃	의학적 위험 상태로 환각, 의식불명 및 심각한 심장 문제 발생 가능성 있음
26~24℃ 이하	불규칙한 심장 박동과 호흡으로 사망

량이 적어지면서 체온이 낮아진다. 낮아진 체온을 정상으로 끌어올리기 위해서는 다음의 세 가지 방법을 꾸준히 실천하는 것이 좋다.

체온 1℃ 높이는 생활 비법

하루 30분 족욕하기

족욕은 발을 통과하는 모든 혈액을 따뜻하게 만들어 전신으로 퍼지게 한다. 즉 대사 순환을 좋게 한다. 매번 뜨거운 물을 받아 족욕하는 것이 번거로우면 현미 주머니 핫팩을 만들어 활용해도 좋다. 주머니에 현미를 담아 전자레인지에 5분 정도 덥힌 후 발밑에 깔고 족욕한다. 15분간 족욕한 다음 발이 따뜻해지면 핫팩을 배 위에 올려놓는다. 주머니 속의 현미는 약 2년 정도 사용할 수 있다.

체온을 올려주는 초간단 현미핫팩

족욕과 수욕을 동시에 하는 법

1. 세면대 앞에 의자를 놓고 앉는다.
2. 따뜻한 물을 채운 세숫대야에 발을 담근다.
3. 세면대에 따뜻한 물을 채워 두 손을 담근다.

하루 15분 손 마찰하기

매일 아침마다 팔 → 배 → 등 → 얼굴 → 머리 → 허벅지 → 종아리 순으로 몸 전체를 손으로 비빈다. 피부 마찰을 통해 신진대사를 활발하게 만들고 체온을 높이는 방법이다.

최대한 많이 걷고 움직이기

심장에서 내려갔던 혈액을 거꾸로 올라오게 하는 유일한 방법은 걷기다. 하루에 최소한 30분~1시간 정도만 걸어도 만병을 예방할 수 있다. 걷기와 더불어 많이 움직

이는 것도 좋다. 여성이 남성보다 오래 사는 이유가 집안일을 많이 하기 때문이라는 연구 결과가 있다. 몸을 많이 움직이다 보니 몸속 순환이 활발하게 일어나는 것이다.

체온 올리고 장 건강 지키는 대표 식품, 해조류

해조류 삼총사인 매생이, 김, 파래에는 비타민과 무기질이 풍부하다. 매생이에는 아스파라긴산이, 김에는 비타민 A가, 파래에는 김에 비해 많은 무기질과 식이섬유  가 들어 있다. 특히 다른 계절에 비해 제철 채소가 적은 겨울에 해조류를 먹으면 다양한 영양소와 식이섬유를 보충할 수 있다. 해조류 중에서도 매생이는 체온을 따뜻하게 유지하는 데 도움을 준다. 가늘고 부드러운 섬유질이 일종의 막을 형성해 열기가 몸 밖으로 빠져나가는 것을 막아주기 때문이다. 또 매생이에는 다른 해조류보다 35% 이상 많은 단백질이 들어 있어 근육량을 늘려주며, 철분과 오메가 3가 풍부해서 빈혈 치료와 혈액순환을 도와준다. 비타민과 셀레늄 성분도 풍부해 면역력을 높이는 효과가 탁월하다.

 만능 해조류 매생이죽

1. 매생이를 흐르는 물에 살짝 헹군다.
2. 쌀을 1시간 정도 불린 뒤 냄비에 넣는다.
3. 냄비에 쌀을 먼저 볶아 수분을 모두 날린다.
4. ③에 물을 조금씩 부어가며 끓인다.
   Tip 조리하는 동안 타지 않도록 잘 저을 것.
5. 20분 정도 끓인 후 조선간장을 약간 넣는다.

6. 간이 배면 매생이를 넣고 잘 풀어지도록 젓는다.

7. 약간의 소금을 넣어 간을 맞춘 뒤 참기름을 넣는다. 그릇에 옮겨 담고 들깻가루를 뿌리면 완성.

매생이 & 파래 & 김 죽 만들기

건강 선물 세트라고 해도 좋을 만큼 영양가가 풍부하다. 단, 방사선 요오드 치료를 받는 갑상선암 환자는 해조류 섭취를 자제해야 한다.

1. 질긴 파래를 잘게 자른다.

2. 1시간 정도 불린 쌀을 냄비에 넣고 볶아 수분을 날린 뒤 물을 조금씩 부어가며 기본 죽을 만든다.

3. 죽이 끓기 시작하면 잘게 썬 파래를 넣고 잘 퍼지도록 젓는다.

4. 조선간장으로 간을 맞춘다.

5. 물에 살짝 씻은 매생이를 ④에 넣는다.

6. 간을 본 뒤 소금을 약간 넣는다.

7. ⑥에 마른 김을 잘게 찢어 넣고 잘 저은 다음 마지막으로 참기름을 넣는다.

생활습관을 바꾸자

지금까지 아무런 의심 없이, 대수롭지 않게 생각해 무심코 해온 행동들이 있다. 그중에서 앞으로 꼭 바꿔야 하는 두 가지 생활습관을 소개한다.

고기, 건강한 방법으로 섭취하기

모든 암의 가장 큰 원인은 육류 과다 섭취. 우리 몸은 보통 육류를 통해 단백질을 얻는데, 너무 많은 동물성 단백질이 몸속으로 들어와 문제를 일으키는 것이다. 그렇다면 하루에 성인에게 필요한 단백질량은 얼마나 될까? 체중 1kg당 0.8g으로, 체중이 60kg인 성인이 하루에 필요한 단백질량은 48g이다. 달걀 1개의 무게가 보통 50~60g이니까 60kg인 성인이 하루에 달걀 1개를 먹으면 필요한 단백질을 모두 만족시킨다. 만약 이 사람이 하루에 100g의 단백질을 먹으면 필요량을 초과한 52g의 단백질 중 일부는 지방으로 바뀌고, 대부분은 간에서 분해되어 소변으로 배출된다. 탄수화물과 달리 단백질은 몸에 저장되지 않는다. 다시 말해 필요량을 초과한 단백질은 간과 콩팥을 쓸데없이 고생시킨다고 할 수 있다.

그런데 우리는 고기를 통해서만 단백질을 얻지 않는다. 식물성 식품에도 단백질이 함유되어 있다. 현미의 7%, 콩의 30~40%, 브로콜리의 11%, 팥의 20%가 단백질이다. 식물성 식품으로도 충분한 양의 단백질을 섭취할 수 있다는 얘기. 따라서 식물성·동물성 식품의 단백질량을 균형 있게 조절하는 것이 중요하다.

고기를 건강하게 먹으려면 조리법 역시 신중하게 선택해야 한다. 고기를 가장 맛있게 먹는 방법을 묻는다면 대부분의 사람이 직화구이라고 말할 것이다. 그렇지만 고기를 직화로 구워 먹으면 입은 즐겁지만 건강을 해치게 된다.

고기를 직화로 구우면 안 되는 이유

- 직화로 고기를 구우면 쉽게 타는데 탄 부분의 주성분이 바로 1급 발암물질인 벤조피렌이다. 이것을 피해야 하는 가장 큰 이유는 몸속으로 들어와 접촉하게 되는 식도, 장, 위의 세포를 100% 암세포로 만들기 때문이다. 우리 몸의 면역력이 기본을 유지하고 있다면 암세포가 생겨도 면역세포가 깨끗이 없애주지만, 면역력이 약해졌을 때 탄 고기를 먹으면 암세포가 생길 수 있다.
- 고기의 기름이 떨어져 생기는 연기 속에는 치명적인 발암물질인 PAH(Pdycyclic Aromatic Hydrocarbon)가 포함되어 있다.
- 고기를 구울 때 사용하는 석쇠에는 녹 방지용 도료가 칠해져 있어 안전하지 않다.

고기를 가장 안전하게 먹는 방법

- 고기를 삶아 먹는다. 일본의 장수 지역인 오키
나와 사람들이 돼지고기를 많이 먹는데도 불
구하고 건강한 이유는 삶아서 먹기 때문이
다. 그래도 구이의 맛을 포기하기 힘
들다면 고기를 구울 때 여러 번 뒤집
어서 빨리 익힌다. 돼지고기는 미리
삶아서 애벌로 익힌 다음에 짧은 시간만 굽
는 것도 좋은 방법이다.

고기는 솥뚜껑이
나 프라이팬에 구
워 먹는 게 좋아요.

- 고기를 굽기 전에 후춧가루를 뿌리지 않는다.
후춧가루 속에 들어 있는 아크릴아마이드는 세계보건기구에서 정한 신경계 독성과 암
유발 가능 물질로 가열하는 과정에서 10배 이상 증가한다. 따라서 후춧가루는 고기를
다 구운 뒤 먹기 직전에 뿌린다.

매실청 담글 때 반드시 씨앗 제거하기

해마다 초여름이 되면 가정에서는 매실청을 담그느라 분주하다. 정성껏 담근
매실청은 음료로 마시거나 요리할 때 설탕 대신 넣기도 한다. 보통 매실청은
설탕이 아니라고 생각해서 마음껏 사용하는데 절대 그렇지 않다. 매실청을 만
들 때 설탕이 50%나 들어간다는 사실을 기억할 것. 매실청의 하루 적정 섭취
량은 물에 7배 희석한 다음 반 잔만 먹는 것이다.

매실청에 대해 그동안 잘 몰랐던 사실은 이뿐만이 아니다. 매실은 물론 살구,
복숭아, 아몬드, 은행 등의 통 씨앗에는 독이 들어 있다. 영양 성분을 많이 함

유하고 있는 씨앗은 동물이나 사람으로부터 자신을 보호하기 위해 독을 만들어낸다. 아몬드의 이름에서 따온 '아미그달린'이라는 독 성분이 바로 그것으로 몸 안에 들어가면 체내에서 분해되면서 맹독으로 일컬어지는 청산을 만들어낸다. 따라서 씨앗을 제거하지 않은 채 매실청을 담그면 아미그달린이 우러나온다. 담근 지 하루가 지나면 하루만큼, 100일이 지나면 100일만큼의 아미그달린이 우러나오는 것. 2013년 경기도 보건환

청매실의 씨앗을 빼고 담그면 될 ~

시판되는 매실 음료는 제조 과정에서 열처리 과정을 거치기 때문에 문제가 없어요.

경연구원의 연구 결과에 의하면 씨앗을 넣고 담근 매실청을 100일 뒤 분석해보니 236ppm의 청산을 함유하고 있었다고 한다. 이 정도의 양은 건강한 성인이 먹었을 때는 큰 문제가 되지 않지만, 임산부와 아이에게는 매우 위험하므로 절대 먹어서는 안 된다. 그렇다면 씨앗을 빼지 않고 담근 매실청은 모두 버려야 할까? 다행히 매실청의 독성을 없애는 방법이 있다.

매실청 독성 제거하기

• 먹지 않고 그대로 두어 자연 분해시킨다. 담근 지 약 1년 정도 되면 매실청의 청산 성분이 거의 제거된다. 하지만 가정마다 보관 방법이나 장소, 첨가한 설탕량이 다르므로 담근 지 1년 뒤에 모든 매실청에서 청산이 없어진다고 말하기는 어렵다.

• 열을 가해 팔팔 끓인다. 가열하면 청산 성분이 날아가기 때문이다. 이는 각 가정의 사정과 상관없이 가장 안전하게 독성을 제거하는 방법이다.

회춘하는
뼈의 비밀

근력 강화 운동
뼈의 노화 방지 해결책, 칼슘
속 근육 단련 운동
만성 통증 잡는 약발 요법

나이가 들면서 뼈가 점점 약해지는 것은 어쩔 수 없는 일이지만, 100세까지 사는 장수 시대에 뼈의 노화를 그냥 지켜봐야만 할까? 뼈도 피부처럼 회춘할 수는 없을까? 근본적으로 인체의 노화를 막을 순 없지만, 뼈의 노화를 지연시키고 뼈 질환의 발병을 낮추는 방법은 분명히 있다.

근력 강화 운동

몸 안에는 뼈 건강과 밀접한 부분이 있는데, 바로 근육이다. 뼈와 근육은 가장 친한 친구 사이로 상호보완적인 관계를 맺고 있다. 뼈는 근육의 도움을 받아 몸을 지탱하고, 근육 역시 뼈를 지지하면서 존재하므로 뼈가 약해지면 근육도 약해지고 근육이 약해지면 뼈도 약해진다. 따라서 뼈 건강을 지키기 위해서는 무엇보다 근육이 중요하다. 그렇다면 건강한 근육을 어떻게 만들 수 있을까? 가장 기본적으로 근육 사이에 지방(기름기)이 끼지 않도록 해야 한다. 근육 사이에 기름이 끼지 못하게 하는 방법은 두 가지. 하나는 적게 먹는 것이고 또 하나는 근육을 강화시켜 기초대사량을 늘리는 것이다.

🏋 뼈를 회춘시키는 기립각력법

하체 단련 운동. 스쿼트 자세와 비슷하지만 손을 앞으로 들지 않고 엉덩이를 안으로 넣은 채 자세를 취하기 때문에 하체에 힘이 많이 들어간다.

1. 다리를 어깨 너비로 벌린다.

2. 상체는 바르게 세우고 무릎만 굽혀 내려갔다 올라온다. 이때 뒤꿈치를 들어주는 것이 포인트.

   Tip 무릎이 좋지 않으면 지지대를 잡고 운동한다.

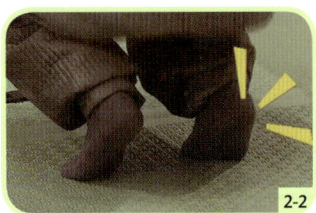

🏋️ 척추측만증 바로잡는 붕어운동법

옆으로 틀어진 척추를 바로잡는 허리 근력 강화 운동. 몸에 쌓인 내장 지방을 밀어내고 가스를 배출하는 효과가 있다.

1. 바닥에 앉아 두 발을 모은 뒤 발꿈치는 붙이고 앞꿈치는 몸 쪽으로 당긴다.

2. 양손을 깍지 껴서 목 뒤에 대고 팔꿈치를 옆으로 벌리면서 눕는다.

3. 물고기가 헤엄치는 것처럼 엉덩이를 중심으로 어깨 폭만큼 상하체를 좌우로 흔든다. 이때 발끝을 세우고 팔꿈치가 위로 들리지 않도록 한다.

   Tip 힘의 분배율은 하체 3 : 상체 7이 되도록 상체가 하체를 이끄는 느낌으로 흔들 것.

복부에 힘이 들어가니까 등 근육까지 풀어지는 기분이에요.

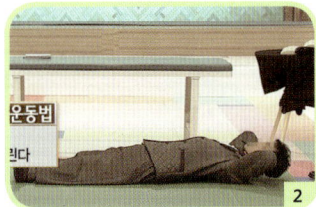

🏋 척추 곡선 되살리는 무릎 붕어운동법

목은 들어가고 등은 나오고 허리는 들어가고 엉덩이가 나오는 것을 척추 탄성 곡선 이라고 하는데, 이것이 무너지면 발바닥에서 받은 충격이 뇌로 바로 전달된다. 그렇 게 되면 오장육부와 세포가 스트레스를 받는다. 이 운동은 틀어진 허리를 바로잡아 척추 탄성 곡선을 유지시키는 데 효과적이다.

1. 다리가 벌어지지 않게 밴드로 양 무릎과 발목을 묶은 뒤 목베개를 고이고 눕는다. 목베개가 없으면 수건을 돌돌 말아 5.5~6cm의 높이가 되도록 만들어 사용한다.

   Tip 다리가 벌어지면 골반이 틀어질 수 있어 뼈 건강에 좋지 않다. 밴드가 없으면 탄력 있고 부 드러운 스타킹을 활용한다. 단단한 벨트는 상처가 날 수 있으므로 사용하지 말 것.

2. 누운 상태에서 양팔을 옆으로 벌린 후 손에 힘을 주어 바닥을 세게 누른다.

3. 다리를 직각으로 구부리고 양쪽 무릎과 복숭아뼈가 서로 떨어지지 않도록 꽉 붙인다.

4. 묶은 다리가 바닥에 닿지 않도록 좌우로 10~20번 정도 가볍게 흔든다.

   Tip 다리를 옆으로 틀 때 반대편 발바닥만 자연스럽게 바닥에서 떨어지도록 한다.

5. 허리가 어느 정도 부드러워지면 다리를 힘차게 흔들어 바닥을 쳐준다. 이때 반동 을 이용해 자연스럽게 움직이는 것이 가장 좋다.

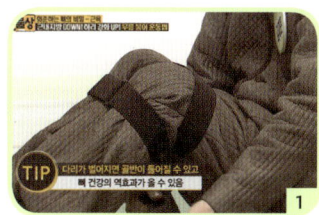
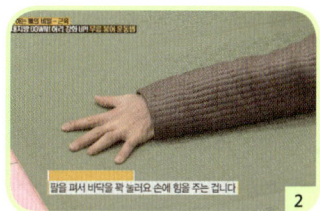

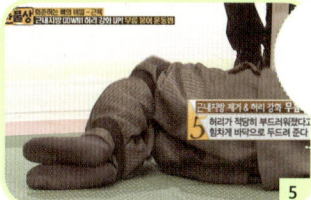

목 베개 때문에 목 주위의 근육까지 시원해지네요.

뼈의 노화 방지 해결책, 칼슘

뼈 건강을 지키기 위해 필요한 영양소는 무엇일까? 바로 칼슘이다. 뼈의 42%를 차지하는 구성물이기 때문에 칼슘이 부족하면 뼈가 건강하거나 튼튼하기 어렵다. 2012년 국민영양조사 자료를 보면 우리나라 사람들은 필수 영양소를 거의 부족하지 않게 먹고 있다. 하지만 유일하게 부족한 영양소가 칼슘이다. 특히 칼슘이 가장 많이 필요한 노년층과 청소년층은 하루 권고 섭취량의 절반 정도만 먹고 있다. 이렇게 칼슘 섭취량도 부족한데 더 큰 문제는 소금을 필요한 양의 2.5배 정도 더 먹는다는 것. 체내에 소금양이 많아지면 소변을 통해 칼슘이 배출된다. 게다가 가공식품에 들어 있는 인을 많이 먹으면 인이 칼슘의 흡수를 방해하면서 소변으로 배출시키기도 한다. 따라서 뼈 건강을 지키려면 칼슘 섭취를 늘리고, 덜 짜게 먹고, 가공식품 섭취를 줄여야 한다. 그렇다면 칼슘이 많이 함유되어 뼈 건강에 좋은 음식은 무엇일까? 흔히 뼈 건강에 으뜸으로 꼽는 사골은 정말 도움이 될까?

사골국을 먹으면 정말 뼈가 튼튼해질까?

사골국에는 피부와 뼈에 좋은 칼 슘과 콜라겐, 콘드로이틴 등이 풍 부하게 들어 있다. 우유팩의 절반 인 100cc의 사골국만 먹어도 콜라 겐 45mg과 콘드로이틴 100mg을

섭취할 수 있을 정도. 즉, 사골국은 분명 뼈 건강에 도움이 된다.

그렇다면 사골국을 여러 번 끓여 우리는 것도 과연 효능이 있을까? 사골국을 6시간씩 세 번 끓일 때까지는 칼슘과 콘드로이틴 함량이 풍부하다. 그러나 네 번째부터는 인 성분이 우러나오기 시작해서 좋지 않다. 앞서 말했듯이 인 은 칼슘의 흡수율을 떨어뜨리고 소변으로 칼슘을 배출시키기 때문이다. 따라 서 사골국은 6시간씩 세 번까지만 끓이고, 한 번에 오래 끓여도 18시간을 넘 기지 말아야 한다.

사골국을 끓일 때 또 기억해야 할 점은 반드시 기름기를 걷어내야 한다는 것. 기름기를 제거하지 않은 채 두 번 정도 끓이면 사골국의 총 지방량이 3%가 넘는다. 반면 두 번째 끓이면서 기름을 걷어내면 총 지방량이 2%, 세 번째 끓 이면서 다시 기름을 걷어내면 1%로 감소한다. 이럴 경우 일반 우유보다도 칼 로리가 훨씬 낮아져 저지방 우유와 같은 상태가 된다. 기름기만 제거해도 칼 로리 걱정 없이 사골국을 먹을 수 있다. 뿐만 아니라 포화지방과 콜레스테롤 함량도 낮아져 콜레스테롤 수치가 높은 사람도 맘껏 섭취해도 된다.

🥘 건강한 사골국 끓이기

1. 누린내를 제거하기 위해 사골에 충분한 물을 부어 핏물을 완전히 제거한다.

> **Tip** 하루 정도 물에 담가놓는다. 시간적 여유가 없더라도 최소 2시간은 담가놓을 것.

2. 냄비에 핏물을 제거한 사골을 넣고 물을 붓는다.

> **Tip** 사골국은 6~12시간 이상 끓이기 때문에 국물이 줄어드는 양을 고려하여 물을 넉넉히 부어야 한다. 2ℓ의 사골국이 필요하면 적어도 5ℓ 정도의 물을 붓는다.

3. 뽀얀 국물을 내기 위해 뚜껑을 닫고 끓인다.

> **Tip** 국 표면의 인지질이라는 성분이 휘발되지 않고 뚜껑에 붙어 있다가 밑으로 떨어지면서 국물을 뽀얗게 만들어준다.

4. 사골을 6시간 정도 끓인 뒤 국물을 식힌 후에 굳은 기름을 제거한다. 냄비 가장자리에 묻은 기름기도 젖은 행주로 반드시 닦아낼 것.

관절염에 좋다는 닭발, 정말 도움이 될까?

닭발의 뼈는 물렁뼈로 그대로 씹어 먹을 수 있고, 껍질에는 사람 피부의 구성 성분인 콜라겐과 엘라스틴이 굉장히 많이 함유되어 있다. 그런데 콜라겐 자체는 분자가 커서 장관벽을 통과하지 못한다. 잘게 쪼개지고 쪼개져 아미노산이라는 최소 단위가 된 다음에야 장관벽을 통과해 체내에 들어와서 단백질로 합성된다. 이렇게 합성된 단백질은 우리 몸에서 부족한 부분에 가장 먼저 사용된다. 즉, 뼈와 피부에 단백질이 부족하면 그곳에 쓰이고 단백질이 충분한 상태라면 뱃살이 되는 것. 하지만 뼈를 자극하면 콜라겐이 바로 뼈로 갈 수 있다. 따라서 꾸준한 운동을 통해 뼈를 자극하는 것이 중요하다.

🥄 골다공증 예방에 좋은 우계묵

콜라겐이 풍부한 닭발과 우슬을 함께 넣어 만든 우계묵을 먹으면 골다공증 예방은 물론 뼈 건강 유지에 도움이 된다. 단, 우슬은 자궁 수축 작용을 하기 때문에 임산부가 섭취하면 유산할 가능성이 있으니 주의할 것.

1. 닭발을 한 번 데친 다음 지저분한 이물질을 깨끗이 제거한다.

    Tip 쌀뜨물로 다시 한 번 세척하면 닭발 냄새를 없앨 수 있다.

2. 냄비에 생우슬 500g과 물 5ℓ를 넣고 물의 양이 2.5ℓ가 될 때까지 끓인다.

3. ②에 닭발을 넣고 약한 불에서 끓인다.

    Tip 생강과 청주를 첨가하면 닭발 냄새를 제거할 수 있다.

4. 물이 다 졸아들 때까지 끓인 다음 상온에서 6시간 정도 식혀 굳힌다.

    Tip 여름에는 쉽게 상하므로 반드시 냉장 보관할 것.

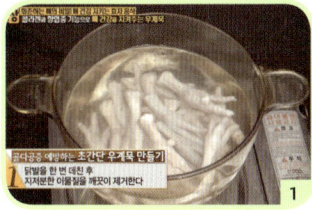  

속 근육 단련 운동

앞서 말했듯이 뼈 건강을 지키기 위해서는 근육 운동을 해야 한다. 보통 근육 운동 하면 헬스장에 가서 하는 웨이트 트레이닝을 생각하는데 이는 겉 근육을 단련하는 운동일 뿐. 우리에게 필요한 건 뼈를 받치고 있는 다혈근인 속 근육을 단련시키는 운동이다. 우리 몸에는 600여 개의 근육이 있는데 그 근

More Tip

속 근육 자가 테스트

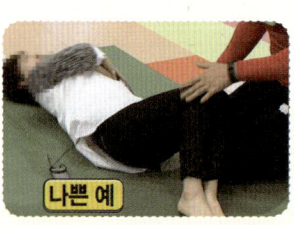

나쁜 예

좋은 예

양팔을 포개어 가슴에 얹고 무릎을 세워 눕는다. 그 상태에서 눈을 감고 다른 사람이 몸을 밀었을 때 몸이 밀리지 않도록 중심을 잡는다. 이때 속 근육이 단련된 사람은 밀리지 않는다. 몸이 한쪽으로 기울지 않도록 버티기 위해 힘을 주는 것만으로도 몸의 중심에 붙어 있는 속 근육들이 단련된다.

육이 모두 동원되어야 몸의 균형이 완성된다. 따라서 겉 근육뿐만 아니라 자세를 유지하고 중심을 잡는 데 중요한 속 근육까지 단련해야 한다. 지금까지 눈에 보이는 겉 근육에만 신경 써왔다면 이제부터는 뼈에 붙은 속 근육을 단련시키는 운동에 집중해보자.

🏋️ 속 근육 단련하는 초간단 운동법

• 둥글고 긴 베개 위에 서서 두 팔을 벌린 채 눈을 감고 중심을 잡는다. 중심 잡기에 성공하면 한쪽 발을 들어본다. 하루에 단계별로 30초씩 4세트 실시한다.

이 운동을 하면 몸의 중심을 잡기 위해 근육들이 협응한다. 나이가 들수록 신체 균형을 느끼는 평형감각이 떨어지는데 이 운동을 통해 평형감각 향상은 물론 노화를 방지할 수 있다. 겨울철 낙상 사고도 예방할 수 있다.

• 둥글고 긴 베개를 바닥에 세로로 놓고 그 위에 등을 대고 무릎을 세워 눕는다. 손은 X자로 포개어 가슴에 얹고 눈을 감는다. 한쪽 다리를 들어 ㄱ자로 만든 후 중심을 잡고 30초간 버틴다. 반대쪽 다리도 똑같이 30초간 실시한다. 동작이 잘

되면 다리를 ㄱ자로 만든 상태에서 팔을 앞으로 곧게 세워 중심을 잡아본다.

🏋 어깨부터 골반까지 이어지는 광배근 강화 운동

등과 허리를 곧게 펴주는 운동으로 광배근 단련뿐만 아니라 어깨 주변의 근육을 풀어주는 데도 효과적이다.

1. 물을 가득 채운 페트병을 바닥에 내 몸과 대각선 방향으로 놓는다.

2. 무릎을 꿇고 앉은 상태에서 상체를 숙이면서 한쪽 팔로 페트병을 밀어준다.

3. 팔을 앞으로 뻗어 충분히 늘린 상태에서 5초간 멈춘 뒤 다시 원위치로 당긴다.

🏋 엉덩이 처짐과 군살을 잡아주는 운동

다리 안쪽과 허벅지 뒤쪽의 근육을 강화시켜주며 자세를 교정해준다.

1. 엎드린 상태에서 양 무릎을 접은 후 양발 사이에 두루마리 화장지를 끼운다.

2. 엉덩이에 힘을 주면서 다리를 내렸다 올리기를 반복한다. 이때 근육을 수축, 이완시키면서 천천히 실시한다.

 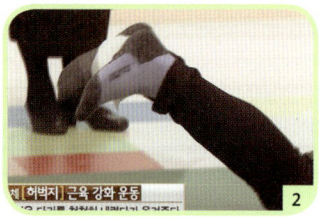

만성 통증 잡는 약발 요법

약발은 '약손'에 대응하는 용어로, 발을 이용하여 근육을 자극해 통증을 다스리는 건강법이다. 근육을 자극하면 뼈와 장기를 간접적으로 자극하는 효과가 있다. 따라서 이 요법은 근육의 만성 통증을 잡아줄 뿐만 아니라 뼈와 장기의 기능까지 활성화시켜준다. 손이 아닌 발을 사용하는 이유는 발이 손보다 3배 넓은 면적을 3배 더 깊게 누를 수 있기 때문이다. 즉, 발의 자극 효율은 손의 9배인 셈. 발로 5분 자극하는 효과는 손으로 40분 자극하는 효과와 같다.

단, 일반인이 약발 요법을 시행할 때 주의할 점이 있다. 기본적으로 발에는 체중이 얹혀져 있으므로 필요 이상의 힘을 가하면 오히려 위험할 수 있다. 따라서 욕심내지 말고 부드럽게 시행해야 한다.

🏋 승모근 통증 잡는 약발 요법

승모근은 스님의 모자와 닮았다고 하여 이름 붙여진 어깨의 삼각형 모양의 근육. 컴퓨터와 휴대폰을 많이 사용하는 현대인들 10명 중 8명이 심한 승모근 통증에 시달리고 있다. 스트레스에 가장 약한 근육이라 조금만 스트레스를 받아도 딱딱하게 굳는데 손으로 승모근을 주무르면 그때만 시원할 뿐이다. 반면 약발을 사용하면 손으로 자극하는 것보다 9배의 효과를 볼 수 있다.

1. 시술자의 한 발을 누워 있는 환자의 손 위에 올려 놓는다. 시술자의 다른 발의 발가락을 구부려 환자의 겨드랑이 아래쪽 근육을 찔러준다.

   Tip 발로 손을 고정하는 것은 몸이 반대로 밀려나는 것을 방지하기 위한 것.

2. 근육을 찌르고 있는 상태에서 구부렸던 발가락을 쭉 펴서 압력을 더 가한다. 4~5회 정도 반복.

3. 다시 환자의 팔 위에 시술자의 발을 올려놓고 공을 굴리듯 발을 옆으로 움직이면서 팔을 골고루 비벼 풀어준다. 이때 지지하는 발은 뻗은 팔 아래쪽의 45도 위치에 놓을 것.

   Tip 지지하는 발의 위치를 고려하지 않으면 풀어주는 발이 불규칙하고 거칠게 움직이게 된다.

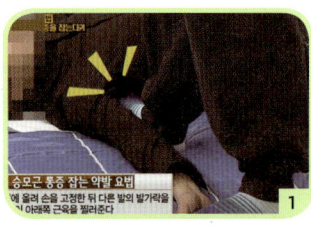
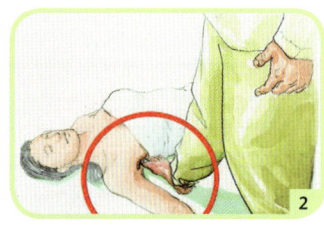
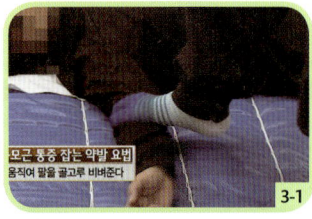
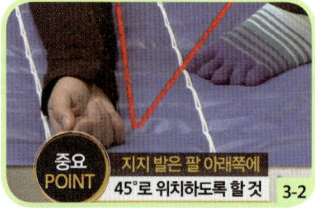

🏋 오십견 통증 잡는 약발 요법

1. 환자는 손바닥이 하늘을 향하게 한 채 몸에 힘을 빼고 엎드린다.

2. 시술자가 발의 바깥쪽 모서리로 환자의 뒤쪽 어깨 관절을 밀어준다.

3. 환자가 다시 바로 누우면 시술자가 가슴 바깥쪽 함몰 부위(어깨 근육과 가슴 근육이 만나는 부위)를 발가락으로 누른다. 이때 발끝은 환자의 코를 향할 것.

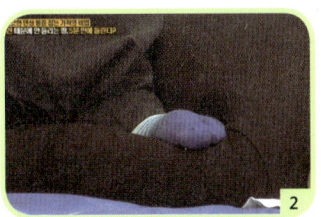 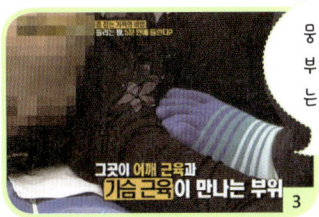

> 뭉쳐 있던 근육이 부드럽게 풀어지는 느낌이에요.

🏋 허리 통증 완화하는 약발 요법

주부들이 살림하는 자세는 대부분 근육을 좌우 대칭이나 앞뒤 대칭으로 활용하지 못한다. 한쪽만 사용하거나 엉거주춤 자세가 많아 근육을 균형적으로 사용할 수 없다. 따라서 허리 통증은 주부들의 직업병. 이때 허리를 직접 자극하기보다 발을 자극하면 허리의 통증을 쉽게 완화할 수 있다.

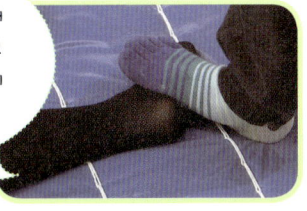

> 발을 눌렀는데 허리가 안 아파지고 있어요. 마치 허리를 누른 것처럼요.

- 발의 내측 복숭아뼈 아래의 움푹 파인 부위가 요추(허리뼈)에 해당한다. 시술자의 발로 누워 있는 환자의 발바닥의 움푹 파인 부분을 발꿈치에서 앞으로 쓸어내리며 눌러준다.

Tip 시술자가 의자에 앉아 약발 요법을 시행하면 서서 할 때보다 오래 할 수 있고 압력도 부드럽게 넣을 수 있다. 의자의 위치는 서서 할 때 지지하는 발의 위치와 같게 놓을 것.

발이 뼈를 바로 서게 한다

우리 몸을 건물이라고 생각하면
발은 주춧돌에 해당한다. 그 위에
있는 발목, 무릎, 고관절, 골반, 척
추 등 여러 관절을 각 층으로 본다
면 인간의 몸은 28층의 고층 건물

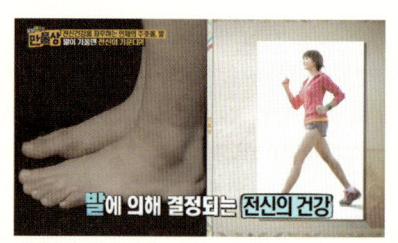

과 같다. 이 고층 건물을 잘 유지하려면 주춧돌, 즉 발이 땅과 수평을 이뤄야
한다. 발이 지면과 수평을 이루도록 유지하는 것은 근육의 몫. 따라서 근육의
균형이 깨지거나 근력이 떨어지면 전신에 문제가 온다. 좌식 생활을 하는 한
국인은 가부좌로 앉는 경우가 많은데, 이러한 생활습관이 발을 안쪽으로 회
전시켜 종아리 바깥쪽 근육을 늘어나게 한다. 그래서 보통 한국 사람들의 신
발은 굽 바깥쪽이 많이 닳아 있다. 이는 무게 중심이 바깥쪽으로 쏠려 있다는
의미. 이 상태로 무리한 근육 운동을 하면 기존의 문제를 더 악화시킨다.

🏋 무게 중심을 발 내측으로 모아주는 약발 요법

약발 요법은 치료가 아니라 통증을 완화하는 방법이다. 그렇지만 약발로 교정한 후
발이 땅과 수평을 이루도록 걸으면 완화 효과를 계속 유지할 수 있다. 기존에 신던
신발을 바꾸면 걷는 습관을 바꾸기가 더욱 쉬워진다. 신던 신발은 이미 바깥쪽으로
길이 들어서 교정하기 힘들기 때문이다.

1. 시술자가 한쪽 발로 지지를 하고 다른쪽 발로 옆으로 누운 환자의 복숭아뼈를 몸

쪽으로 밀어 올린다. 20~30초 간격으로 10회 실시.

2. 환자를 똑바로 눕히고 무릎을 세우게 한다. 시술자는 지지하는 발을 멀리 두고 환자의 발등에서 가장 높은 부위를 시술하는 발로 지그시 눌러준다. 발등에 직각으로 자극을 줄 것.

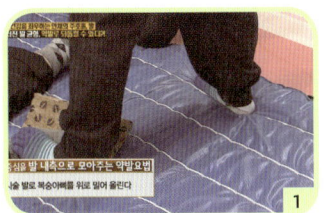 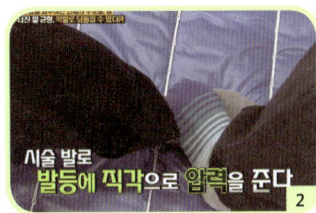

내 몸의 기적,
유산균

유산균도 골라 먹어야 한다
집에서 만드는 건강한 유산균
면역력 키우는 천연 유산균 밥상

유산균은 우리 몸에서 면역을 담당하는 대표 유익균. 장 점막에 상처가 나면 이를 치료해주고,
독성 물질을 해독한다. 반면 몸속에 유산균이 부족하면 과민성 장증후군이나 천식, 아토피 등
의 자가면역질환이 생긴다. 이렇게 우리 몸에 꼭 필요한 유산균, 우리는 얼마나 알고 있을까?

유산균도 골라 먹어야 한다

유산균을 섭취할 수 있는 가장 쉬운 음식은 시판 요구르트다. 하지만 시판 요구르트에는 당분도 많이 들어 있어 문제가 될 수 있다. 마시는 요구르트에는 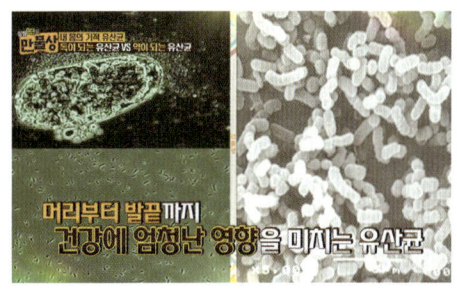 16.8g(각설탕 7개 분량), 떠먹는 요구르트에는 12g(각설탕 5개 분량)의 당이 들어 있다. 콜라 100ml의 당 함유량이 10g(각설탕 4개 분량)인 것과 비교할 때 결코 적지 않은 양이다. 따라서 시판 요구르트를 통해 유산균을 섭취할 때에는 무엇보다 총 열량과 당 함유량을 꼼꼼하게 확인해야 한다. 또한 유산균은 생균이기 때문에 시간이 지날수록 생존율이 낮아진다. 보통 시판 요구르트의 유통기한은 10일~14일 정도. 그러므로 유산균을 가장 효율적으로 섭취하려면 유통기한에서 7일을 뺀 날짜에 먹는 것이 가장 좋다. 유통기한이 5월 1일까지라면 4월 25일에는 먹을 것.

한국인에게 맞는 유산균은 따로 있다!

유산균이 몸에 좋다는 사실이 알려지면서 요구르트 외에 다양한 유산균 제품이 판매되고 있다. 그중에는 유럽에서 건너온 값비싼 수입 제품도 있는데, 수입 유산균은 우리나라 사람의 장에서 효과를 발휘할 가능성이 낮다. 서구인의 식생활에 맞춰져 있어 우리가 즐겨 먹는 마늘이나 고춧가루 같은 자극적인 음식을 수입 유산균이 견뎌내지 못하기 때문이다. 유통 과정이 길 수밖에 없는 수입 제품은 유산균의 생존율 역시 낮다. 따라서 굳이 비싼 돈을 들여 수입 유산균을 구입하지 말고, 우리나라 사람들의 식성과 체질에 맞춰진 토종 유산균을 먹는다.

유산균, 언제 얼마나 먹을까?

유산균은 하루에 얼마나 먹어야 할까? 식약청에서 권고하는 하루 유산균 섭취량은 1억~100억 마리다. 하지만 유산균이 장에 도달하는 비율은 매우 낮으므로 100억 마리 이상의 충분한 양을 먹어야 한다. 또 유산균이 장까지 무사히 가기 위해서는 섭취하는 시간 역시 중요하다. 유산균은 위산에 약하기 때문에 식후 30분에 먹는 것이 가장 좋다. 장 속에 음식물이 들어가면 위산이 중화되어 괜찮지만 빈속에 유산균을 먹으면 장 속에 쌓여 있던 위산으로 인해 아까운 유산균이 죽게 된다.

아침 대용으로 유산균을 먹는다면 먼저 물이나 우유를 한 잔 마셔 위산을 중화시킨 다음에 유산균을 섭취한다. 또 기억해야 할 점은 다양한 유산균을 번

갈아 먹으면 유산균이 장내에 자리 잡지 못하므로 한두 가지의 유산균을 꾸준히 규칙적으로 먹어야 한다. 자기 전에 유산균을 먹는 것은 좋지 않다.

More Tip

시판 요구르트 제대로 고르는 법

1 총 열량을 확인한다.
2 당 함유량을 확인한다.
3 유통기한을 확인한다.
　Tip 유통기한이 지난 제품은 먹지 말고 대신 피부에 바른다. 우리 피부에는 약 800여 종의 미생물이 사는데 그중에서 가장 중요한 균이 바로 유산균. 피부의 유산균에게 죽은 유산균의 시체는 좋은 먹이가 된다.
4 원산지를 확인한다.

라면 먹으면서 유산균 먹어봐야 아무 소용없다!

밀가루 음식은 곰팡이균 같은 장 속 유해균의 좋은 먹잇감이다. 밀가루를 비롯해 화학조미료, 정제된 백미, 동물성 지방 등은 유해균이 좋아하지만 유산균에는 치명적인 음식이므로 유산균과 함께 먹지 않는다.

집에서 만드는 **건강한 유산균**

시판 요구르트의 당분이 걱정되거나 시중에서 판매하는 비싼 유산균 제품을 꾸준히 복용하기 부담스럽다면 집에서 직접 유산균을 만들어보자. 집에서 만들면 화학첨가물과 당분을 넣지 않아 시판 요구르트보다 훨씬 더 건강에 좋다. 무엇보다 누구나 쉽고 저렴하게 만들 수 있다는 것이 장점. 우유와 요구르트만 있으면 만들 수 있는 가장 기본적인 유산균을 비롯해 다양한 재료를 첨가해 만드는 유산균 음료를 소개한다.

 초간단, 초저렴으로 유산균 만들기

1. 유리 용기를 열탕 소독한 뒤 완전히 말려놓는다.

> **Tip** 열탕 소독하는 방법은 팔팔 끓는 물에 유리 용기를 넣어 한 바퀴 돌려주면 된다.

2. 유리 용기에 시판 요구르트 50ml(소주 한 컵 분량)와 일반 우유 500ml를 넣고 잘 섞는다.

> **Tip** 잘 섞지 않으면 유산균이 배양되지 않는다. 섞을 때에는 실리콘이나 플라스틱 숟가락을 사용할 것. 금속 숟가락을 사용하면 유산균이 죽고, 나무 숟가락은 곰팡이가 생길 수 있다.

> **Tip** 시판 요구르트는 종류와 당도에 상관없이 어떤 제품을 사용해도 좋지만, 우유의 경우 저지방 우유는 사용하지 말 것. 맛도 없고 잘 뭉쳐지지 않아 유산균을 만들기가 어렵다.

3. 뚜껑을 덮고 20~30℃ 정도의 햇볕이 안 드는 실온에서 24시간 배양한다.

> **Tip** 실내 온도가 낮을 경우 은박 돗자리로 만든 보온 주머니나 스티로폼 상자에 넣어둔다.

> **Tip** 잘 배양된 유산균은 냉장고에서는 7일, 냉동실에서는 6개월 정도 보관할 수 있다.

숟가락으로 떴을 때 푸딩 같아요.

More Tip

유산균 배양이 잘 됐는지 확인하는 방법은?

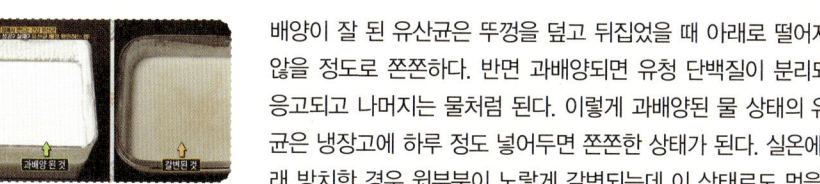

배양이 잘 된 유산균은 뚜껑을 덮고 뒤집었을 때 아래로 떨어지지 않을 정도로 쫀쫀하다. 반면 과배양되면 유청 단백질이 분리되어 응고되고 나머지는 물처럼 된다. 이렇게 과배양된 물 상태의 유산균은 냉장고에 하루 정도 넣어두면 쫀쫀한 상태가 된다. 실온에 오래 방치한 경우 윗부분이 노랗게 갈변되는데 이 상태로도 먹을 수는 있다. 유산균이 과배양을 넘어 부패하면 핑크색이 돌고 약간 씁쓸한 맛이 난다.

🍯 티벳버섯 유산균 발효 음료 만들기

변비에 효과적인 음료. 하지만 티벳버섯 유산균 발효 음료를 많이 먹고 설사를 해서 변비를 한 번에 해결하겠다는 생각은 위험하다. 설사를 하면 장내에 있던 유산균도 같이 빠져나가기 때문이다. 발효 음료를 조금씩 꾸준히 먹으면서 변비를 서서히 고쳐야 한다.

1. 티벳버섯 유산균을 체에 걸러 발효유와 티벳버섯으로 분리한다.

2. 분리된 티벳버섯에 물을 부어 깨끗이 씻는다.

   Tip 체에 거른 티벳버섯은 냉동 보관 후 재사용할 수 있다.

3. 열탕 소독한 그릇에 티벳버섯을 넣는다.

4. 티벳버섯이 담긴 그릇에 우유를 붓는다.

   Tip 우유를 마시면 가스가 차는 사람은 두유를 사용할 것.

5. 그릇에 한지를 덮고 20~27℃의 실온에서 24시간 배양한다.

   Tip 뚜껑을 닫아 그릇을 완전히 밀폐하면 탄소 배출이 많아져 톡 쏘는 탄산 맛이 강해진다.

6. 24시간이 지나면 냉장고에서 3시간 동안 숙성시킨다.

   Tip 그냥 먹어도 되지만 숙성시키면 더욱 맛있다.

다이어트에 좋은 바나나 유산균 요구르트

바나나는 장 건강에 매우 좋은 과일이다. 펙틴과 식이섬유, 프락토올리고당이 풍부
한데 특히 프락토올리고당은 유산균의 먹이가 되는 프로바이오틱스로 작용해서 발
효를 돕는다. 식이섬유는 포만감을 주어 다이어트에도 효과적이다.

1. 껍질을 벗긴 바나나 1개를 믹서에 넣는다.
2. 우유를 조금 넣고 바나나와 함께 간다.
3. 열탕 소독한 그릇에 간 바나나를 넣는다.
4. ③에 유산균 50ml(소주 한 컵)와 우유 200ml를 넣고 잘 섞는다.
5. 뚜껑을 닫은 다음 스티로폼 상자에 넣어 하루 동안 배양하면 완성.

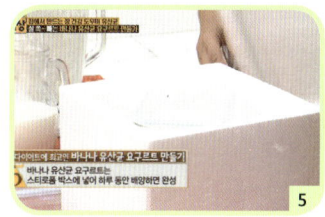

More Tip

티벳버섯 유산균이란?

양젖을 말리면 마치 작은 양배추처럼 굳게 되는데, 이 양젖이 티벳으로 전해진 것이 바로 티벳버섯
유산균이다. 한 종류로 이루어진 유산균이 아니라 효모랑 유산균이 섞여 있는 것이 특징. 티벳버섯
유산균은 인터넷을 통해 무료로 분양받을 수 있다.

면역력 키우는 천연 유산균 밥상

유산균의 여러 역할 중 가장 중요한 것이 면역력 증진이다. 우리 몸에 있는 면역세포의 70%가 장에 존재하는데 유산균이 장 속의 면역세포를 활성화한다. 암세포를 잡아먹는 NK면역세포도 유산균에 의해 활성화된다. 염증이 심하면 암으로 발전될 가능성이 큰데 유산균이 염증도 억제해준다. 따라서 암을 예방하거나 치료하기 위해서는 유산균을 꾸준히 섭취할 필요가 있다. 다행히 우리는 평소에 유산균이 가득한 발효식품을 먹어 왔다. 김치, 된장, 청국장이 바로 그것으로 이 음식들만 자주 먹어도 유산균을 따로 섭취하지 않아도 된다.

김치

최고의 유산균 식품. 김치 1g에는 약 1억 마리의 유산균이 들어 있다. 오랫동안 발효시킨 묵은 김치에 유산균이 더 많이 있을 거라 생각하는 사람들이 많

은데, 묵은지가 되면 젖산 농도가
높아지고 산도가 떨어져 오히려
유산균의 수는 감소한다. 따라서
김치에 들어 있는 유산균을 가장
효과적으로 섭취하려면 담근 지

약 30~60일이 지난 김치를 먹어야 한다. 이 시기에 유산균이 가장 많이 생기
고 그 이후부터는 서서히 줄어든다.

김치는 되도록 집에서 담가 먹는 것이 좋다. 시판 김치는 일정한 맛과 신선도
를 유지해야 하기 때문에 일정량 이상의 유산균이 증식하지 못하도록 만들지
만, 집에서 담근 김치는 이와 상관없이 유산균이 무한정 증식될 수 있다.

김치의 유산균을 오랫동안 유지하려면 어떻게 해야 할까? 김치를 통에 담고
맨 위를 김치의 겉잎으로 덮는다. 이렇게 하면 김치에 공기가 들어가지 못해
산소를 싫어하는 유산균이 잘 증식한다.

More Tip

손에 있는 유산균이 김치 맛에 영향을 미칠까?

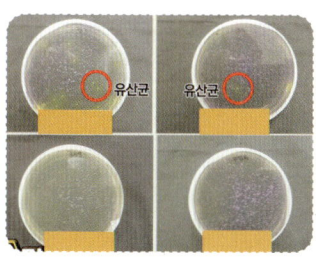

같은 양의 배추와 양념을 준비한 뒤 여러 사람이 각자 맨손
으로 겉절이를 버무리는 실험을 진행했다. 완성된 겉절이를
현미경으로 관찰해 유산균 수를 살펴봤더니 겉절이를 버무
린 사람의 손에 있는 유산균에 따라 겉절이의 유산균 수도
각각 다르게 나왔다. 겉절이들을 여러 사람에게 시식하게 하
고 어떤 겉절이가 가장 맛있는지 조사했더니 놀랍게도 유산
균이 가장 많은 겉절이가 일등으로 꼽혔다. 이 실험을 통해
손에 있는 유산균 수가 김치 맛에 영향을 미친다는 사실을 알 수 있다.

깍두기

깍두기에는 국물 1g당 유산균이 약 10억 마리 존재한다. 김치와 깍두기에 들어 있는 유산균은 소금, 고춧가루, 젓갈 등의 강한 양념을 견뎌내기 때문에 요구르트 유산균

보다 내성이 강한 편이다. 유산균이 많은 깍두기를 담그기 위해서는 무엇보다 좋은 무와 국산 천일염을 사용해야 한다. 마늘과 생강을 최대한 많이 넣고 국물을 많이 만들기 위해 마지막에 생수를 넣는다.

유산균 100억 마리가 들어 있는 깍두기 국물 10g을 하루 세 끼에 세 숟가락씩 나눠 먹는다. 깍두기 국물을 그냥 먹기 힘들다면 김치밥을 지어 먹는다.

🥘 유산균 가득한 김치밥

1. 냄비에 참기름을 두르고 잘게 썬 김치를 볶는다.
2. 김치를 볶은 냄비에 불린 쌀을 넣는다.
3. ②에 김칫국물과 물을 적당량 넣고 밥을 짓는다.

시래기 청국장

생청국장 1g당 약 100억 마리의 유산균이 존재한다. 청국장에 시래기를 넣어 먹으면 시래기에 풍부한 식이섬유가 유산균의 먹이가 되어 장 속 유산균을 더욱더 활성화한다.

🥣 유산균의 보고, 시래기 청국장

1. 멸치 5마리를 물에 넣고 멸치육수를 낸다.
2. 삶아서 먹기 좋게 자른 시래기와 청국장을 멸치육수에 넣고 한소끔 끓인다.
3. 불을 끄기 전 양파와 파를 넣는다.

Chapter

04

인생을 바꾸는
장 건강 비법

암을 막는 장 건강 프로젝트
암 잡는 장 해독 밥상

음식물 찌꺼기를 배출하는 통로로만 여겨졌던 장에 면역세포의 70~80%가 존재한다는 사실이 알려지면서 장 건강이 곧 우리 몸의 건강이라는 인식이 자리 잡고 있다. 그렇다면 건강한 장을 만들기 위해서는 무엇을 해야 하고 어떤 음식을 먹어야 할까?

암을 막는 장 건강 프로젝트

사실 모든 사람의 몸속에는 매일같이 암세포가 자란다. 몸에는 약 10조 개 이상의 세포가 있는데, 이 세포들이 분열하면서 0.000001% 확률의 유전자

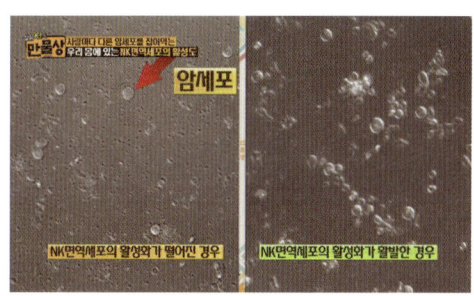

변이로 암세포를 만들어낸다. 즉 하루에 5,000개 이상의 암세포가 만들어진다. 면역 기능이 정상이면 만들어지는 암세포를 면역세포가 바로 죽일 수 있지만, 면역 기능이 저하되면 면역세포가 암세포를 막지 못해 암세포가 분열하게 되고 분열한 암세포가 1억 개 정도 뭉치면서 1cm 크기의 암세포로 성장하게 된다. 따라서 면역 기능을 유지해 면역세포를 활성화하는 것이 무엇보다 중요하다. 특히 면역세포 중에서도 NK면역세포는 정상 세포와 이상 세포를 확실히 구분할 수 있어서 모든 바이러스나 암세포를 확인하는 즉시 죽인다. 또 초기 암을 억제하고 암의 전이와 재발까지 막아준다.

이렇게 암 발생을 직접 막아주는 면역세포의 70~80%가 장에 존재한다. 그

만큼 장 건강이 중요하다. 또 기본적으로 인간은 영양소를 공급받아야 살 수 있는데 이 영양소를 몸속에 골고루 전달하는 곳이 바로 장이다. 따라서 장이 건강하지 않으면 인체에 필요한 기본적인 영양 공급 자체가 불가능할 뿐 아니라 대장암을 비롯한 모든 병이 시작될 수 있다. 건강한 장을 만들기 위해 일상에서 꼭 실천해야 할 생활습관을 소개한다.

첫 번째, 과일과 채소는 못난이를 골라 먹자

장 건강을 위해서는 식이섬유를 충분히 섭취해야 한다. 식이섬유는 과일과 채소를 통해 섭취할 수 있는데, 이때 예쁘고 광택이 나는 것보다 못생긴 것을 골라 먹어야 한다. 예로 들면, 시중에 판매되는 복숭아는 대개 종이를 씌워 키운다. 종이를 씌우지 않고 키운 복숭아는 자외선을 받아 검은 점이 생기고, 껍질이 갈라지는 '열과 현상'이 생기기 때문이다. 못생긴 복숭아는 잘 팔리지 않기 때문에 인위적으로 햇볕을 가려 색이 곱고 모양이 예쁜 복숭아를 생산하는 것이다. 예쁜 복숭아는 보기에 좋을지 몰라도 영양 성분은 못난이 복숭아를 따라잡지 못한다. 못난이 복숭아 하나에 담긴 영양소는 예쁜 복숭아 10

개의 영양소와 비슷하다. 따라서 과일과 채소를 구입할 때에는 조금 못생겼더라도 자연스럽게 자란 건강한 먹거리를 선택해야 한다.

자연식으로 자란 못난이가 좋다면 꼭 유기농으로 키운 과일과 채소를 먹어야 할까? 사실 영양 성분 측면에서 유기농산물과 일반 농산물의 차이는 없다. 다만 유기농산물은 농약을 치지 않고 기르기 때문에 농약 성분이 없다는 장점이 있다. 하지만 미생물이 그대로 살아 있어 일반 농산물보다 더 깨끗이 씻어 먹어야 한다.

유기농산물 깨끗이 세척하는 방법

소주는 농약을, 식초는 미생물을 95% 정도 제거한다. 만든 세척 용액은 소주와 식초 냄새가 사라질 때까지 여러 번 사용할 수 있다.

1. 알코올 도수가 30~35%인 담금 소주와 가장 저렴한 식초를 1:1 비율로 섞는다.
2. ①을 5~10배의 물에 희석한 뒤 과일과 채소를 약 15분 정도 담가두었다가 깨끗한 물에 씻는다.

두 번째, 현미밥을 50번씩 씹어 먹자

현미는 영양학적으로 완벽한 식품이다. 현미의 영양 성분이 100이라고 하면 백미는 5밖에 되지 않는다. 그런데 현미의 쌀겨와 쌀눈에는 소화하기 힘든 식이섬유가 많아 이를 잘 흡수시키지 않으면 약이 아니라 독이 될 수 있다.

현미를 소화시키려면 아밀라아제라는 탄수화물 분해 효소가 필요한데, 아밀라아제는 침 속에만 있기 때문에 많이 씹어서 현미를 분해해야 한다. 하지만 바쁘고 귀찮다는 핑계로 현미를 잘 씹지 않고 장으로 내려보내면 입에서 해야 할 역할을 장이 무리해서 하게 되고, 그러다 보면 면역력이 저하되어 만병의 근원이 될 수 있다. 또 분해되지 않은 현미가 장까지 내려오면 장에서 부패하는데, 이 때문에 장 내시경을 받더라도 용종이나 암을 놓칠 수 있다.

현미밥 제대로 먹는 노하우

• 현미밥을 먹기 전에 샐러드 한 접시를 먹는다. 샐러드에 드레싱을 뿌리지 말고 아몬드, 호두, 건포도 등 견과류를 얹어 먹는다. 견과류와 채소는 씹지 않고 넘길 수 없기 때문에 미리 씹는 연습을 하게 해준다. 샐러드를 씹을수록 더 많은 침이 분비되어 위 속에 침이 많이 고이게 되고 그러면 위에서도 다량의 소화액이 분비되어 소화력을 높인다. 또한 샐러드로 어느 정도 위를 채운 다음 밥을 먹으면 적은 양을 먹게 되어 다이어트에도 효과적이다.

• 현미밥에 통들깨를 넣는 것도 잘 씹어 먹을 수 있는 방법. 들깨가 더 이상 터지지 않을

때까지 씹다 보면 숫자를 세지 않아도 현미밥을 충분히 씹게 된다. 동시에 들깨에 풍부한 오메가 3와 식이섬유도 섭취할 수 있다. 통들깨를 볶아 반 숟가락 정도 씹어 먹는 것도 좋다.

- 식사 속도를 늦춘다. 위의 상부에는 음식의 양을 측정하는 센서가 있는데, 위가 음식의 양을 인지하는 데 걸리는 시간이 15분이다. 따라서 10~15분 이내에 밥을 빨리 먹으면 센서가 음식의 양을 측정하지 못해 과식하게 되므로 천천히 먹는다.

들깨는 씹을수록 고소한 맛이 나요.

🥄 차진 현미밥 만들기

1. 불린 현미찹쌀과 현미맵쌀을 1:1 비율로 압력솥에 넣는다.

    Tip 현미를 반나절 불리면 아미노산이 10배 증가한다. 찹쌀과 맵쌀을 섞는 비율은 기호에 따라 조절할 것.

2. 보통 밥을 할 때보다 물을 더 많이 넣는다.

3. 센 불로 끓이다가 약한 불로 줄인 다음 10~20분 정도 뜸을 들인다.

   Tip 뜸을 오래 들이는 것이 부드러운 현미밥을 짓는 포인트.

4. 밥이 다 되면 불을 끄고 추를 젖혀 김을 빼지 말고 김이 다 빠질 때까지 기다린다.

세 번째, 건강한 물을 마시자

우리 몸의 70%를 차지하는 물. 매일 호흡, 땀, 소변, 대변을 통해 몸 밖으로 배출되는 양만큼 물을 보충하지 않으면 체액의 농도가 진해진다. 그러면 혈액 속에 있는 면

역세포가 움직이기 힘들어져 암세포를 만나도 공격할 수가 없다. 그렇다면 하루에 물을 얼마나 마셔야 적당할까? 사람마다 배출되는 물의 양이 다르므로 마셔야 하는 양도 다르다. 중요한 것은 갈증을 느끼면 이미 탈수 현상이 시작되었다는 사실. 반드시 갈증을 느끼기 전에 물을 충분히 마셔야 한다.

내 몸에 물이 부족한지 알 수 있는 가장 쉬운 방법은 소변 색을 확인하는 것이다. 소변이 진한 노란색이면 몸에 물이 부족한 상태. 하루 종일 소변이 옅은 노란색을 유지하도록 해야 한다. 반면 물을 너무 많이 마셔도 좋지 않다. 하루에 화장실 가는 횟수가 8번 이상이라면 물 마시는 양을 줄인다. 물의 하루 적정량은 식사하기 30분 전에 1컵, 식사하고 2시간 뒤 1컵, 이렇게 하루 세 끼와 함께 물을 6컵 마시고 소변 색에 따라 1~2컵 정도 더 보충한다.

그럼 어떤 물을 마셔야 할까? 우리 몸에 가장 좋은 물은 바위를 타고 내려오거나 우물에서 길어 올린 약알칼리성 암반수이지만, 요즘에는 정수기로 거른 물에 만족해야 한다. 단, 정수기로 거른 물은 미네랄이 부족하므로 이를 보충하기 위해 볶은 현미물을 마시는 것이 좋다.

1. 한 줌 정도의 현미를 물에 씻는다.

2. 기름을 두르지 않은 프라이팬에 현미를 넣고 센 불에서 30초~1분 정도 덖는다.

3. 현미의 물기가 다 마르면 약한 불로 낮춰 10분간 더 덖는다.

4. 끓인 물 1ℓ에 볶은 현미 1/2큰술을 넣고 젓는다.

5. 1~2분 정도 놔두었다가 윗물을 마신다. 맑고 가볍게 우려내 먹는 것이 포인트.

> 누룽지처럼 고소해요. 깨끗한 현미차 맛이 나네요.

네 번째, 변비를 해결하자

장의 주요 기능은 노폐물을 밖으로 배출하는 것이다. 이 기능이 원활하지 못하면 변비가 생기고, 변비가 오래 지속되면 만성 변비가 된다. 이는 곧 만병의 근원이 된다. 평소 변을 보는데 걸리는 시간이 3분 이상이면 변비가 시작되었다고 볼 수 있다. 변비가 심하면 장누수증후군이 생기는데, 이때 배출되지 못한 가스가 독소로 작용해 장 점막세포를 손상시킨다. 따라서 변비로 고생하는 사람은 하루 1시간씩 걷는 것이 좋다. 적어도 30분은 걸어야 하는데 이도 여의치 않으면 복식호흡을 한다. 만성변비를 예방하고 치료하려면 먹거리도 신경 써야 한다. 만성 변비를 해결해주는 음식 삼총사를 소개한다.

샐러드

장의 연동운동을 촉진하려면 식이섬유가 풍
부한 샐러드를 매일 아침 한 접시씩 먹는다.
기본적으로 섭취하는 음식의 양이 적어 변
비에 걸리는 경우가 많은데 식이섬유를 섭

취하면 장이 자극을 받아 활발하게 움직인다. 또한 식이섬유가 장내 세균의
먹이가 되어 대변이 부드러워지는 효과를 얻을 수 있다.

황금 주스

대장 속에 있는 유산균 중에서 비피더스균
이 제대로 작동해야 황금색 변을 볼 수 있
다. 하지만 안타깝게도 나이가 들수록 비피
더스균은 줄어들기 때문에 이를 활성화시키

는 음식을 먹어야 한다. 유산균이 들어 있는 플레인 요구르트와 검게 익은 바
나나, 청국장가루로 '황금 주스'를 만들어 섭취하자. 이 음료는 대장 속 비피
더스균의 먹이가 되어 활성도를 높여준다.

 황금 주스 만들기

플레인 요구르트와 숙성되어 검게
변한 바나나 1/2개, 청국장가루 1큰술,
우엉 달인 물을 믹서에 넣고 간다.

샐러드에 드레싱
대신 뿌려 먹으면
좋겠네요.

현미 쑥설기

변비의 가장 큰 원인은 적은 식사량. 적은 양의 변이 형성되다 보니 장의 연동운동이 느려져 변비가 유발되기 쉽다. 이때 먹기 좋은 것이 바로 현미 쑥설기다. 현미 쑥설기 두 조각만 먹어도 현미밥 한 공기 이상을 먹은 것과 같은 효과를 내며, 현미에 들어 있는 식이섬유가 중금속과 독소를 90% 이상 배변으로 배출시킨다.

 변비 해결의 열쇠 현미 쑥설기

1. 현미를 물에 충분히 불린다.
2. 믹서에 불린 현미와 말린 취나물, 말린 쑥 잎, 쑥가루를 넣고 간다.
3. 김이 오른 찜기에 ②를 펼쳐 넣고 기호에 따라 검은콩이나 강낭콩을 넣은 뒤 찐다.

다섯 번째, 몸속 중금속을 배출시키자

중금속은 음식을 통해 또는 공기 중에 떠도는 미세 입자의 형태로 호흡기나 피부를 통해 몸속으로 들어온다. 일부는 신장을 거쳐 배출되지만 너무 많은 양이 들어오면 피부에 축적된다. 시신경에 축적되어 신경성 장애를 일으키는데 장에도 신경세포가 많기 때문에 영향을 받는다.

일상생활에서 중금속을 완전히 차단하기란 불가능하다. 되도록 중금속을 적게 섭취하고 몸속으로 들어오더라도 체내 흡수율을 낮추는 것이 최선이다. 또 많이 섭취한 만큼 바깥으로 배출시키면 되는데, 그러려면 식이섬유를 반드시 먹어야 한다. 식이섬유는 불용성과 수용성으로 나뉜다. 불용성은 몸속에서 거의 소화되지 않는 식이섬유로 브로콜리, 양배추, 셀러리 등에 많다. 수용성 식이섬유는 몸속에서 물과 만나 미끌미끌한 젤리 형태로 변하는 것으로 미역, 다시마 등의 해조류와 과일 껍질, 버섯에 풍부하다. 두 가지의 식이섬유를 모두 먹어야 하는데 불용성 식이섬유는 장의 연동운동을 통해 변이된 형태를 그대로 유지하며 내려가도록 돕고, 수용성 식이섬유는 나쁜 물질을 흡착해 씻어내는 역할을 한다.

여섯 번째, 스트레스를 다스리자

변비 환자의 30% 이상이 스트레스 때문에 변비에 걸린다. 스트레스를 받으면 장 속의 NK면역세포가 깨져 바이러스나 암세포를 공격하지 못한다. 그만큼 장은 스트레스에 민감하다. 하지만 현실적으로 스트레스를 받지 않고 살수는 없기 때문에 쌓인 스트레스를 어떻게 관리하냐에 따라 장 건강 상태가달라질 수 있다.

우리 몸은 스트레스를 받으면 세포를 공격하고 손상시키는 활성산소가 많이생성된다. 활성산소를 없애는 가장 좋은 방법은 다양한 컬러 푸드를 먹는 것.그리고 많이 웃어야 한다. 천진난만하게 웃는 아이의 얼굴을 본 사람의 뇌와심장, 호르몬 대사의 변화를 검사했더니 2천9백만 원이 공짜로 생겼을 때 나타나는 긍정적인 변화와 같았다. 또한 웃으면 안면 근육 17개가 움직이면서복근까지 움직이게 된다. 이때 복근이 조여지면서 장도 운동을 하게 된다.

More Tip

피해야 할 중금속, 알루미늄은 어디에 많이 들어 있을까?

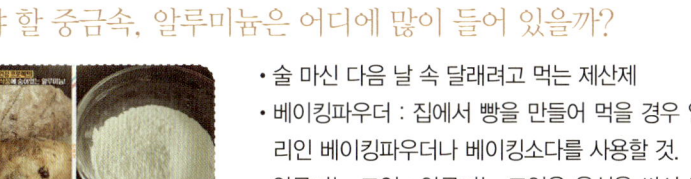
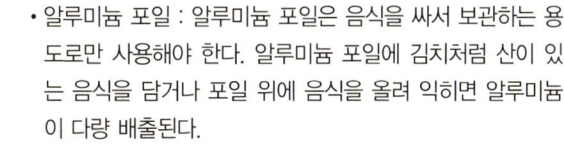

- 술 마신 다음 날 속 달래려고 먹는 제산제
- 베이킹파우더 : 집에서 빵을 만들어 먹을 경우 알루미늄 프리인 베이킹파우더나 베이킹소다를 사용할 것.
- 알루미늄 포일 : 알루미늄 포일은 음식을 싸서 보관하는 용도로만 사용해야 한다. 알루미늄 포일에 김치처럼 산이 있는 음식을 담거나 포일 위에 음식을 올려 익히면 알루미늄이 다량 배출된다.
- 양은 냄비 : 노란색 코팅이 벗겨지면 알루미늄이 밖으로 배출된다. 따라서 코팅이 벗겨진 양은 냄비는 절대 사용하지 말 것.

암 잡는 **장 해독 밥상**

장 속의 면역세포를 활성화시켜 암세포를 제거하는 해독 밥상을 소개한다. 특히 장 건강을 위해 빠져서는 안 될 식재료 고사리, 꼬시래기, 지누아리로 만든 요리에 주목하자. 가족의 장 건강을 지키는 일은 아주 간단하다.

해독 효과가 탁월한 고사리들깨탕

고사리는 열을 내려주고 몸의 노폐물을 빼주는 작용을 한다. 들깨 역시 장의 윤활 작용을 돕고 배변 활동을 원활하게 하며 혈관을 깨끗하게 해준다.

1. 아주 여린 고사리를 골라 삶는 대신 뜨거운 물에 4시간 정도 불린 뒤 미지근한 물에 서너 번 헹군다.

   Tip 뜨거운 물에 불리면 고사리 특유의 쓰고 아린 맛이 사라진다. 고사리의 쓰고 아린 맛은 발암물질. 세계보건기구 산하 국제암연구소에서는 고사리를 발암 가능성 물질로 규정하고 있다. 하지만 뜨거운 물에 불리거나 삶은 뒤 씻어 먹으면 발암물질은 없어진다. 따라서 고사리는 반드시 뜨거운 물에 담가두거나 삶아서 물에 여러 번 헹궈 먹는다.

2. 믹서에 생들깨 300g과 물 200ml를 넣고 간다.

3. 간 들깨 국물을 면보에 걸러 들깨즙을 얻는다.

4. 들깨즙에 찹쌀현미가루 3큰술을 넣고 섞는다.

5. 달군 프라이팬에 ①의 고사리와 들기름을 넣고 볶는다.

> **Tip** 시판 들기름은 들깨를 고온에서 볶아 기름을 짠 정제유로 첨가물이 들어 있다. 따라서 들깨를 볶지 않고 저온으로 압착한 들기름을 사용한다. 들기름에는 오메가 3의 일종인 알파리놀렌산이 풍부한데 이 물질은 기억력과 학습 능력 증진에 좋다.
>
> **Tip** 들기름의 산패를 늦추려면 들기름과 참기름을 8 : 2 비율로 섞는다.

6. 천일염으로 간을 맞춘다.

> **Tip** 굵은 천일염을 프라이팬에 구운 뒤 곱게 빻아서 사용하면 나트륨 섭취를 줄일 수 있다.

7. 고사리가 어느 정도 볶아지면 ④에서 만든 찹쌀 들깨즙을 붓는다.

◉━ 바다의 신선함이 그대로! 꼬시래기무침

꼬시래기는 독충의 독과 농약, 중금속, 방사선 등을 해독해주는 식재료. 꼬시래기에 함유된 알긴산이 장내 중금속과 노폐물을 흡착해서 변을 통해 배출시킨다.

1. 꼬시래기를 찬물에 여러 번 씻는다.

2. 잘 씻은 꼬시래기를 미지근한 물에 15~20분 정도 담가둔다.

   Tip 너무 오래 담가놓으면 불어서 식감이 떨어진다.

3. 불린 꼬시래기를 5cm 길이로 자른다.

4. 자른 꼬시래기에 죽염 1/3큰술, 메이플 시럽 1큰술, 사과식초 1큰술을 넣는다.

   Tip 메이플 시럽 대신 조청을 넣어도 좋다. 설탕 100g 정도를 먹으면 NK면역세포의 활성도가 30% 떨어지므로 설탕은 사용하지 말 것.

5. 재료를 잘 버무린 뒤 채로 썬 무와 동그란 모양으로 얇게 썬 자색 양파를 넣고 무친다.

> 오독오독 씹히는 식감이 좋고, 새콤 달콤해서 입맛이 살아나요.

🥄 최강의 해독 요리 지누아리장아찌

지누아리는 톳과 비슷한 해초로 알긴산을 함유하고 있어 장내 중금속과 노폐물을 배출시킨다. 지누아리와 함께 넣는 잔대 또한 독사의 독도 빼줄 정도로 뛰어난 해독 능력을 갖고 있다.

1. 조선간장과 물을 1:7 비율로 냄비에 붓는다.

2. 냄비에 잔대를 넣고 끓인다.

3. 끓기 시작하면 다시마를 넣고 5분 정도 끓인 뒤 건져낸다.

> `Tip` 다시마를 너무 오래 끓이면 알긴산이 제대로 우러나지 않는다.

4. 멸치와 말린 표고버섯을 냄비에 넣는다.

> `Tip` 표고버섯은 반드시 말린 것을 쪼개 넣을 것.

5. 약간의 단맛을 첨가하기 위해 조청을 넣고 푹 끓인다.

6. 말린 지누아리를 빈 용기에 넣고 ⑤의 끓인 국물을 따뜻한 상태로 붓는다.

> `Tip` 장아찌를 만들 때는 물에 불리지 않은 말린 지누아리를 활용할 것.

7. 2~3시간 정도 지나면 지누아리장아찌 완성.

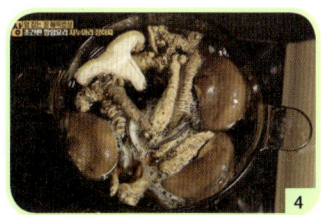

Part 2

약이 되는 음식
식약동원

Chapter

05

매운맛의 기적

식탁 위의 불로초, 양파

한 톨의 기적, 마늘

면역력 잡는 강황

몸속 쓰레기 청소, 고추

탁월한 담 제거, 겨자

한입만 먹어도 이마에 땀을 송골송골 맺히게 하는 매운맛의 대명사 양파, 마늘, 강황, 고추, 겨자를 소개한다. 그동안 매운 음식은 위를 자극하는 등 건강에 해로울 거라 생각했지만, 사실 매운맛은 영양은 물론 건강에 좋은 영향을 준다. 그동안 잘 알지 못했던 매운맛의 화끈한 효과와 각 효능을 제대로 얻을 수 있는 건강 조리법을 알아보자.

식탁 위의 불로초, 양파

우리나라 사람들이 가장 많이 먹는 식재료 중 하나인 양파. 쉽게 구할 수 있고 가격도 저렴해 집에 늘 갖춰두는 재료다. 누구나 다양한 방식으로 요리할 수 있는

서민적인 식재료지만, 그 효능은 한약에 버금갈 정도로 뛰어나 '식탁 위의 불로초'라고 불리기도 한다.

- 양파의 매운맛을 구성하는 성분은 유화아릴. 이 성분은 에너지 대사에 필요한 비타민 B1의 흡수를 촉진하며 불면증과 피로감, 초조함, 식욕부진을 개선한다.
- 중성지방과 콜레스테롤을 제거해 심혈관계 질환 개선에 도움을 준다.
- 혈소판을 조정해 혈액순환을 원활하게 한다.
- 간의 해독을 도와주며 혈당을 낮추는 효과가 뛰어나 당뇨병 환자들의 천연 혈당강하제로 활용된다. 양파는 하루에 생으로 1/4쪽만(1일 섭취 권장량) 먹어도 당뇨병과 고혈압

을 비롯해 암까지 예방할 수 있다.

- 양파 껍질에 다량 함유된 퀘르세틴은 천연 항산화제로 모세혈관을 강화해주고 암을 예방한다.

- 기운이 더운 양파는 차가워진 몸을 뜨겁게 하는 데 효과적이다.

약선으로 즐기는 양파

익히지 않고 생으로 먹는 것이 양파의 매운맛 성분을 가장 효과적으로 섭취하는 방법이다. 양파를 생으로 먹었을 때 눈이 따갑거나 위가 쓰리다면 양파를 약선으로 먹는다. 약선이란 식재료를 생이나 즙 이외의 모든 방법, 즉 지지거나 볶거나 튀겨서 먹는 방식을 말한다. 양파는 조리하면 매운맛은 줄어들고 단맛이 높아진다. 물론 매운맛 성분을 제대로 섭취할 순 없지만, 양파가 익으면서 생성되는 항산화 성분인 멜라노이딘을 섭취할 수 있다. 또한 양파의 퀘르세틴 성분은 체내에 흡수가 잘되지 않는데 가열하면 쉽게 흡수된다. 양파를 약선으로 조리하는 가장 쉬운 방법은 볶는 것. 단, 기름에 볶으면 당지수가 높아지므로 물로 볶아 먹는다.

🍲 물로 양파와 호박 볶기

복부 비만, 대사증후군, 심혈관 질환이 있고 몸이 잘 붓는 사람에게 추천. 애호박은 항산화 물질인 베타카로틴과 비타민 C, 칼륨, 마그네슘 함량이 매우 높아 건망증과 치매에 좋다. 새우젓에는 지방과 단백질을 소화시키는 소화 효소가 풍부하다.

1. 양파 껍질을 물에 넣어 20분 정도 끓인다.
2. 프라이팬에 ①의 물을 넣고 물이 끓기 시작하면 먹기 좋게 썬 애호박과 양파, 약간의 새우젓, 마늘을 차례대로 넣는다.
3. 물이 졸아들 때까지 볶는다.

More Tip

백양파와 적양파 중 효능이 더 좋은 것은?

모든 식물은 색이 진할수록 약성이 강하다. 진한 색에 자신을 보호하기 위한 물질이 들어 있기 때문이다. 따라서 백양파보다 적양파를 생으로 먹었을 때 더 큰 효과를 볼 수 있다. 적양파는 6~7월이 수확기로, 이 시기에 가장 맛이 좋고 가격도 저렴하다.

양파를 한약으로 먹는 법

양파를 한약으로 먹으려면 율무
와 같이 먹는다. 율무는 양파와 궁
합이 가장 잘 맞는 한약재로, 위장
을 튼튼하게 하고 설사를 멎게 하
며 이뇨 작용을 촉진해 부종을 없

앤다. 관절 통증을 완화하고 콜레스테롤을 낮추는 효과도 있으며 항산화·항
암 효과도 탁월하다. 단독으로 율무를 먹으면 맛이 텁텁한데, 여기에 양파를
더하면 양파의 매운맛이 텁텁함을 잡아준다. 또한 율무는 성질이 차서 소화
가 잘 안되는데 기운이 더운 양파와 만나면 소화도 잘된다. 양파와 율무를 함
께 넣고 차로 끓여 마시면 부기가 빠지고 피로가 빨리 회복된다.

 쉽게 만드는 보약 양파 율무차

2ℓ의 물에 율무 한 줌과 껍질을 벗기지 않은 양
파 2개를 넣는다. 1시간 30분 정도 푹 끓여서 건
더기를 거른 다음 차로 마신다.

양파의 새로운 변신

맵다, 달다, 아삭하다, 쓰다, 이렇게 다양한 식감을 갖고 있는 만큼 양파는 할 수 있는 조리법도 무궁무진하다. 누구나 시도해볼 만한 쉬운 방법부터 좀 더 정성을 들여야 하는 방법까지 양파의 맛과 약성을 높이는 특급 레시피를 소개한다.

 혈관 건강 지키는 양파와인

양파 와인을 마시면 혈액순환이 원활해지고 몸이 따뜻해진다. 3개월 정도 냉장 보관하면 양파 냄새나 알코올 냄새가 거의 나지 않는다.

1. 얇게 채 썬 적양파를 유리 용기에 담는다.
2. 적포도주를 ①에 부은 뒤 일주일 이상 실온에서 숙성시키면 완성.

> **Tip** 포도 껍질에는 항산화 물질인 레스베라트롤이 들어 있으므로 반드시 적포도주를 사용한다. 양파 속 항산화 물질이 적포도주에 추출되어 적포도주가 원래 갖고 있던 항산화 효과가 2~3배 증가하기 때문. 또 양파의 항산화 물질인 퀘르세틴은 물에 잘 녹지 않지만 알코올이나 산성 물질에는 잘 녹는다. 즉 양파에 적포도주를 부으면 퀘르세틴 용출이 더 수월하게 이뤄진다.

🥄 최강의 약성을 지닌 흑양파

양파를 숙성시켜 흑양파로 만들면 양파의 매운맛과 특유의 향이 사라지고 단맛이 크게 증가한다. 흑양파는 위장이 약해 생양파를 먹지 못하는 사람에게 좋다.

1. 크기가 작은 장아찌용 양파(100g 정도의 크기)의 지저분한 겉껍질만 벗기고 속껍질은 남긴다.

2. 양파를 깨끗하게 씻은 다음 잘 말려 물기를 없앤다.

3. 양파를 원하는 만큼 전기밥솥에 넣는다.

   Tip 식당에서 쓰는 50인용 밥솥에 양파를 꽉 채우면 한꺼번에 많은 양을 만들 수 있다. 한 달간 보온 상태로 유지해도 전력 소비량은 70W, 전기 요금은 4천 원에 불과하니 전기세 걱정은 하지 말 것.

4. 보온 상태로 양파를 45~50일 정도 숙성시킨다.

   Tip 숙성 기간이 길면 길수록 양파의 항산화 성분인 멜라노이딘이 눈에 띄게 증가한다.

5. 숙성시킨 흑양파를 체에 거른다. 이때 최대한 꾹꾹 눌러 즙을 낸다.

6. 즙을 내고 남은 건더기에 물을 첨가해서 2일 더 숙성시킨 다음 즙을 내서 먹는다.

   Tip 마지막으로 즙을 짜고 남은 건더기에도 항산화 물질이 남아 있으므로 얼굴 팩으로 활용하면 좋다.

🍵 양파말랭이 만드는 방법

양파를 무말랭이처럼 채 썰어 말리면 매운맛이 줄고 단맛이 증가하며 쫀득쫀득한 식감도 생긴다. 부피가 줄어 보관하기도 쉽고 오래 저장할 수 있다. 양파를 말리는 방법에는 두 가지가 있다.

무말랭이처럼 오독오독한 느낌은 없지만, 쫄깃쫄깃하고 알싸한 맛이 나요.

• 자연 건조로 말리는 방법

약간 도톰하게 채 썬 양파를 채반에 올려 햇볕이 잘 들고 바람이 부는 곳에서 3~4일 정도 말린다. 양파를 놓은 채반을 베란다에 놓고 선풍기를 약하게 틀어놓으면 더 잘 마른다.

• 식품건조기로 말리는 방법

약간 도톰하게 채 썬 양파를 건조기에 넣고 10시간 정도 말린다. 양파를 식품건조기에서 말리면 햇볕에 말린 것보다 항암 성분인 폴리페놀 성분이 늘어난다.

알싸한 맛의 양파말랭이차

1. 달군 프라이팬에 양파말랭이를 넣고 약한 불에서 바삭할 때까지 덖는다.
2. 뜨거운 물 1컵에 덖은 양파말랭이 1큰술을 넣어 우린다.

처음에는 고소하면서 달콤한 맛이 나는데, 시간이 지날수록 양파의 알싸한 맛이 느껴지네요.

씹을수록 식감이 더 좋은 양파말랭이무침

1. 양파말랭이를 30분 정도 물에 담가 불린 다음 물기를 꼭 짠다.

2. 물기를 짠 양파말랭이에 고추장, 깨, 참기름, 조청(또는 꿀)을 넣고 무친다.

 ## 골다공증에 특효! 양파 칼슘식초

양파, 달걀 껍데기, 식초의 조합은 칼슘을 보충하기에 아주 좋다. 골다공증이 심한 사람은 소주 1잔 분량에 물을 희석해 하루 1잔 복용한다. 그 외에는 직접 먹기보다는 음식에 활용한다.

1. 달걀 껍데기를 끓는 물에 5분 정도 소독한다.

2. 투명 용기에 양파 1kg, 식초 1ℓ, 달걀 껍데기 30g을 넣는다.

> **Tip** 달걀 껍데기를 다시백에 넣어 사용하면 훨씬 깔끔한 식초를 만들 수 있다.

3. 2주 정도 지나 양파가 물러지면 걸러낸다.

건강 보약물 양파수

양파 껍질은 질겨서 그 자체로는 먹기 힘들다. 그렇다면 양파 껍질에 다량 함유된 퀘르세틴을 100% 섭취하는 방법은? 바로 물에 넣고 끓여 유효 성분을 우려내 먹는 것이다. 양파 껍질에는 매운맛 성분이 들어 있지 않아 양파수에서는 양파 특유의 매운맛이 나지 않는다. 하지만 양파수를 오래 끓여 수분이 날아가면 점점 쓴맛으로 변하니 주의할 것.

1. 잘 씻어서 말린 양파 껍질을 찬물에 처음부터 넣고 끓인다.

   Tip 2ℓ 주전자 기준으로 양파 껍질 한 움큼이면 적당하다.

2. 뚜껑을 덮고 끓이다가 물이 팔팔 끓으면 불을 줄이고, 뚜껑을 연 채 40~50분 정도 더 끓인다.

Point

양파로 만드는 초간단 천연 감기약

양파는 기침을 완화하고 체온을 상승시킨다. 해열 작용이 뛰어나며 면역력도 높여준다. 이렇게 효능이 많은 양파는 우리나라뿐 아니라 다른 나라에서도 다양하게 활용된다. 스위스에서는 양파즙에 꿀을 타서 감기약으로 먹고, 핀란드에서는 양파 우유를 먹기도 한다.

1 유리컵에 양파 반 개를 잘게 썰어 넣는다.
2 잘게 썬 양파 위에 뜨거운 물을 붓는다.
3 뜨거운 물이 식으면 자기 전에 한 컵 마신다.

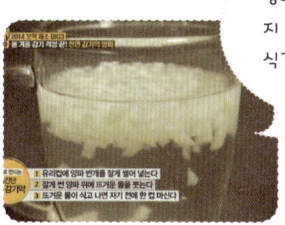

양파 향은 나는데, 맵지 않고 아삭아삭한 식감만 느껴져요.

한 톨의 기적, 마늘

마늘은 우리나라 요리에 거의 빠지지 않고 들어가는 가장 기본적인 향신료. 양파와는 다른 알싸한 향과 매운맛을 지니고 있는데 이는 알리신이라는 성분 때문이다. 살균·항균 효과가 탁월한 알리신 성분을 최대한 얻으려면 마늘을 생으로 으깨거나 잘라서 먹어야 한다(하루에 육쪽마늘을 생으로 하나씩 먹을 것). 또는 장아찌를 만들어 먹어도 좋다. 마늘을 익혀 먹으면 휘발 성분인 알리신이 날아가 매운맛으로 인한 효과는 감소하지만 대신 단맛이 강해져 소화가 잘된다.

요리의 주역, 마늘의 효능

- 황 성분이 많은 알리신은 우리 몸에 들어가 혈관을 확장해서 혈액순환을 돕는다.
- 고지혈증 수치를 낮춰주기 때문에 고지혈증과 함께 당뇨병을 앓는 환자에게 특히 좋다.
- 감기 증상을 호전시키고 감기에 시달리는 기간을 단축한다.
- 항균 · 항산화 · 항암 작용이 뛰어나다.

약성 듬뿍 마늘청 만들기

마늘청은 물에 희석해서 차로 마시거나 요리에 넣어 먹는다. 마늘청을 더 졸이면 마늘 조청이 되는데, 볶음이나 조림할 때 넣으면 좋다.

1. 마늘과 생강을 9:1 비율로 넣고 즙을 만든다.

   Tip 마늘과 생강은 둘 다 따뜻한 성질이라 상승효과를 볼 수 있다. 마늘만 먹으면 위벽을 자극할 수 있는데 생강이 위벽을 보호하기 때문에 환상 궁합. 또한 생강이 감칠맛을 더해준다.

2. 즙을 냄비에 넣고 센 불로 끓이다가 끓어오르면 약한 불로 줄인다.
3. 즙 500ml를 기준으로 할 때 조청 1큰술을 첨가한다.
4. 즙의 양이 반 정도가 될 때까지 졸이면 완성.

마늘난황은 요리할 때 천연 조미료로 사용한다. 냉장고에서 최대 2년까지 보관할 수 있는데, 산화가 되면 금세 상할 수 있으니 먹을 만큼만 덜어내고 나머지는 밀봉해서 냉장 보관한다. 달걀흰자도 같은 방법으로 난황으로 만들어 먹으면 근력을 키우거나 몸의 저항력을 강화하는 데 도움된다.

1. 생마늘을 물에 잠길 정도로 넣고 1시간 정도 푹 삶는다.

2. 푹 삶은 마늘은 체에 걸러 물기를 뺀다.

3. 달걀은 삶아서 노른자만 따로 분리한다.

   Tip 보통 건강을 위해 달걀노른자보다 흰자를 선호하는데, 실제로 달걀노른자는 콜레스테롤을 전혀 높이지 않는다. 노른자에 들어 있는 레시틴은 오히려 콜레스테롤을 낮춘다. 영양학적으로 건강한 사람이면 하루에 2~3개 정도의 달걀을 먹어도 전혀 문제 되지 않는다.

4. 삶은 마늘에 달걀노른자를 넣고 최대한 부드럽게 으깬다.

   Tip 마늘 1kg 기준으로 노른자 10개를 넣는다. 마늘은 수분이 많아 믹서에 넣고 갈아도 부드럽게 갈린다.

5. 프라이팬에 ④를 넣고 약한 불에서 눌어붙지 않도록 저으면서 덖는다.

6. 2시간 정도 저으면서 수분을 날려주면 가루 상태의 마늘난황 완성.

   Tip 가루 상태에서 더 덖으면 기름이 나오는데 그것이 바로 난유다.

여름철 보양식 수박흑마늘

신장 질환, 전립선 질환, 성기능 장애를 앓고 있는 사람에게 특히 좋다. 수박에는 시트룰린과 리코펜 성분이 들어 있는데 마늘을 넣고 찌는 과정에서 수박의 이런 성분이 마늘에 다 흡수된다. 흑마늘의 까만 색소는 신장에 좋고 해독 능력이 탁월하다.

1. 육쪽마늘은 겉껍질만 살짝 벗겨내고 뿌리를 제거한 뒤 깨끗이 씻는다.
2. 미리 만들어놓은 수박즙에 손질한 마늘을 담가놓는다.
3. ②를 냉장고에 24시간 넣어둔다.
4. 수박즙에서 마늘을 건져내 물기를 뺀 다음 전기밥솥에 넣는다.
   Tip 밥솥에 삼발이 찜기를 넣은 뒤 그 위에 마늘을 올린다.
5. 보온 상태로 20일 정도 숙성시키면 완성.

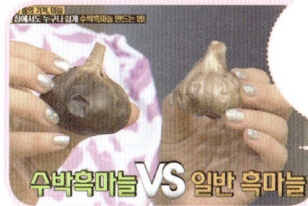

면역력 잡는 강황

현대인의 질병은 대개 면역력이 좋지 않아 생긴다. 면역력 저하로 인한 질병에는 두 가지 종류가 있다. 첫 번째는 면역력이 부족해서 생기는 암이나 감기 같은 감염성 질병이고, 두 번째는 면역력이 제대로 작동하지 않아 생기는 알레르기성 비염, 궤양성 대장염, 건선, 아토피 등의 자가면역 질환이다. 그렇다면 면역 기능을 높이기 위해서는 어떤 음식을 먹어야 할까? 바로 강황이다.

카레의 핵심 재료인 강황은 아주 맵진 않지만 고유의 매운맛과 특유의 향을 지녔다. 강황을 가장 쉽게 섭취하는 방법은 카레를 먹는 것. 우리나라에서 시판되는 노란색 카레는 강황을 주재료로 만든 것인데 강황 외에도 밀가루, MSG, 나트륨 등이 포함되어 있어 강황의 효과를 제대로 얻기는 힘들다. 따라서 시판 카레를 먹는 것보다 강황가루를 직접 활용하는 방법을 추천한다.

황금 가루, 강황의 효능

- 강황의 노란색을 이루는 커큐민이라는 성분이 면역력을 높인다.

- 암의 원인이 되는 활성산소를 잡아먹으며, 활성산소가 세포를 공격해서 생기는 염증을 억제한다. 관절염이나 아킬레스건염 등 마찰에 의한 염증 질환에 효과적이다.

- 혈액순환을 촉진하며 생리통, 복통, 위염 등의 진통을 억제하는 데에도 탁월하다.

- 치매를 예방한다. 치매 즉, 알츠하이머는 뇌세포가 파괴되면서 생기는데 커큐민이 뇌세포를 파괴하는 단백질인 베타 아밀로이드를 제거한다. 강황으로 만든 카레를 많이 먹는 인도의 치매 환자 수가 미국의 1/4에 불과하다는 사실에서도 이를 확인할 수 있다.

 ## 치매 예방하는 강황물

한 컵의 물에 강황가루 1티스푼을 섞어 물 마시듯 틈틈이 마시면 치매 예방에 좋다. 커큐민은 위산에 강하기 때문에 식전, 식후 상관없이 복용해도 무방하다.

약간 텁텁한 맛이 나는데, 한약보다는 덜 쓴 것 같아요.

강황과 울금은 같은 종류?

인도의 강황을 우리나라로 가져와서 재배를 시도했으나 실패한 뒤 대체 작물로 재배하게 된 것이 울금이다. 울금 역시 커큐민을 함유하고 있어 강황과 비슷한 효능을 얻을 수 있다. 따라서 우리나라에서 재배하는 울금을 강황 대체 식물이나 약재로 사용해도 좋다.

🥄 누린내 잡는 강황소금

강황소금은 후추와 같은 향신료로 고기의 누린내를 잡아준다. 칼집을 낸 삼겹살을 구울 때 강황소금을 뿌리면 고기를 더욱더 건강하게 먹을 수 있다.

1. 프라이팬에 천일염과 강황가루를 2:1 비율로 넣는다.

   Tip 소금이 강황의 매운맛을 잡아주어 매운맛은 적게 나고 짠맛은 더 좋아진다.

2. 살짝 볶으면서 분무기에 담은 소주를 분사한다.

   Tip 소주는 소금과 강황가루를 잘 붙게 하고 커큐민이 타지 않게 한다.

Point

천연 잇몸 질환 치료제의 탄생! 강황가루로 가글하기

소금물에 강황가루를 약간 넣고 입안을 헹구면 잇몸병을 예방할 수 있다. 항염과 항균 효과를 지닌 강황이 입속 세균 번식을 막아주는 것.

커큐민의 효능을 높이는 방법

커큐민은 체내에 들어오면 반 정도가 배출되고, 흡수된 나머지 반은 간에서 해독되기 때문에 약효가 떨어질 수밖에 없다. 커큐민을 섭취한 다음 시간에 따른 혈중 농도 변화를 살펴보면 커큐민의 농도는 체내에 들어와 1~2시간 후 정점을 찍고 6시간이 지나면 거의 없어진다. 따라서 커큐민의 약성이 떨어지기 전에 최소한 하루 3~4번 먹는 것이 좋다. 이와 함께 커큐민의 혈중 농도를 높이려면 다음의 세 가지 방법을 활용해보자.

- 한 컵의 물에 강황가루 1티스푼과 후추 1/3티스푼을 넣어 마신다. 간에 의해 해독되는 커큐민을 후추의 피페린 성분이 막아준다. 피페린으로 인해 커큐민이 몸에서 좀 더 오랜 시간 머물 수 있고 커큐민의 혈중 농도가 20배나 높아진다. 소량이라도 꾸준하게 먹는 것이 중요하다.
- 소량의 강황가루에 올리브유(식물성 기름)를 몇 방울 떨어뜨려 섞는다. 커큐민은 지용성이므로 식물성 기름과 같이 섭취하면 흡수율을 높일 수 있다.
- 우유와 함께 먹는다. 우유의 카제인 성분이 커큐민의 대사 활동을 높인다. 또 우유의 유지방이 커큐민의 흡수율을 높여준다.

Point

커큐민 섭취를 주의해야 하는 사람

커큐민은 철과 구리를 흡착해 몸 밖으로 배출시키기 때문에 철분이 부족해 빈혈이 있는 사람은 커큐민 섭취를 주의해야 한다. 또한 커큐민이 자궁을 수축시킨다는 보고가 있으므로 임산부는 특히 먹지 않도록 한다.

몸속 쓰레기 청소, 고추

몸속에 쌓이는 노폐물과 활성산소, 가공식품을 통해 들어오는 유해물질, 체내로 들어온 세균과 유해균 등은 우리 몸속의 쓰레기라고 할 수 있다. 이런 쓰레기들을 몸 밖으로 내보내는 데 매운맛이 큰 역할을 한다. 대표적인 매운맛 성분은 고추의 캡사이신. 고추 자체보다 고추씨와 씨앗이 붙어 있는 태좌라는 흰 부분에 많이 함유되어 있다. 고추의 하루 섭취 권장량은 2개. 고추의 캡사이신을 포함한 매운맛 성분의 효능은 다음과 같다.

- 매운맛 음식을 먹으면 열이 나고 혈관이 말초신경까지 확장되면서 혈액순환이 빨라지는데, 이는 몸속의 쓰레기를 배출하고 영양을 잘 공급하고 있다는 것을 의미한다.
- 한의학에서 매운맛은 기운을 발산시키는 성질을 갖는다. 즉 매운맛이 몸속 쓰레기를 헤쳐서 쌓이지 않게 한다.

- 매운맛은 엔도르핀 분비를 촉진한다. 엔도르핀은 통증을 줄여주고 기분을 좋게 만든다. 따라서 기분이 가라앉고 스트레스를 받을 때 매운 음식을 먹으면 기분 전환에 도움이 된다.
- 매운맛이 체온을 높인다. 체온이 높아지면 면역력도 좋아져 염증을 쉽게 제거할 수 있다.
- 몸에 오르는 열이 체지방을 산화시켜 체중 증가를 막는다.
- 캡사이신은 피부에서 머리로 보내는 통증 물질을 차단하기 때문에 대상포진의 통증을 가라앉힐 때 사용된다.
- 고추에는 비타민 C가 풍부하다. 레몬보다 2.5배, 오렌지보다 4배, 토마토보다 10배 이상, 사과보다는 40배나 많이 함유하고 있다. 비타민 C는 대표적인 항산화 성분으로 면역력을 높이고 콜라겐의 재생 능력을 향상시켜 피부 탄력을 높인다. 특히 비타민 C는 빨간 고추에 많이 들어 있으며 고추가 자랄수록 함유량이 증가하므로 이왕이면 크기가 큰 빨간 고추를 먹는 것이 좋다.

More Tip

고추 섭취를 주의해야 하는 경우

- 고열이 날 때
- 급성 편도염으로 편도가 부었을 때
- 눈병이 났을 때
- 몸 위쪽에서 급성 염증이 생겼을 때

감기에 걸렸을 때 소주에 고춧가루를 타서 마시면 정말 효과가 있을까?

고추의 매운맛은 울혈(정맥 내 혈액이 뭉치는 상태로, 감기에 걸리면 코와 목의 점막에도 생긴다)과 콧물을 줄여주고 통증과 염증도 완화해준다. 또한 소주 한 잔 이하의 적은 알코올은 신경을 이완시키고 혈관을 확장시키기 때문에 감기를 이기는 데 어느 정도 효과를 볼 수 있다.

🏺 짭조름한 고추지

식초의 유기산은 피로 해소 물질로, 고추의 캡사이신과 함께 먹으면 기운을 북돋아 주고 피로를 회복하는 데 도움을 준다. 또한 식초의 칼륨은 염분을 배출시켜준다.

1. 물 2컵, 식초 1컵, 설탕 1컵, 소금 1/2컵을 냄비에 넣고 팔팔 끓인다.

   Tip 소금 고추지를 만들려면 식초를 1/2컵, 소금을 1컵 넣는다.

2. 끓인 물을 1~2일 재워둔 다음 3~4번 다시 끓여 식힌다.

   Tip 여러 번 끓이면 저장성이 좋아진다. 1년까지 보관 가능.

3. 물기를 제거한 고추를 투명 용기에 넣고 ②의 식힌 물을 고추가 잠기도록 붓는다.

   Tip 고추에 구멍을 뚫으면 더 빨리 숙성시킬 수 있다. 반면 구멍을 뚫지 않으면 숙성 시간은 길지만 더 오래 두고 먹을 수 있다.

4. 용기를 밀봉하여 고추가 노란색이 될 때까지 숙성시키면 완성.

새콤달콤, 아삭아삭해서 정말 맛있어요. 매운 맛이 덜해서 고추 못 먹는 사람도 좋아하겠네요.

캡사이신이 풍부한 고추씨

캡사이신은 고추씨에 가장 많이
들어 있다. 고추씨에는 캡사이신
을 비롯해 폴리페놀, 아미노산, 비
타민 E, 오메가 지방산도 풍부하
다. 따라서 고춧가루를 빼고 남은

고추씨는 버리지 말고 반드시 챙겨올 것. 고추씨에 습기가 생기면 냄새가 나
고, 햇볕을 쬐면 색이 변한다. 따라서 밀봉해서 냉동 보관한다.

More
Tip

말린 고추의 종류

• 태양초
태양빛으로만 말린 것으로 우리나라에서 가장 좋은 고추로 인정받는다. 깨끗하고 투명한 것이 특
징. 가격도 가장 비싸다.

• 양근
태양빛으로 어느 정도 말리다가 꾸덕꾸덕해지면 기계로 2차 건조한다.

• 화근
100% 기계로 열처리 건조한다. 태양초와 양근에 비해 검은빛이 돈다.

고추씨 국물로 만드는 깔끔한 나박물김치

1. 고추씨를 넣어 함께 빻은 고춧가루를 물에 넣어 풀어준다.

2. 30분 이상 고춧가루를 불린 다음 면보에 거른다.

> **Tip** 씨가 불어서 국물이 잘 걸러지지 않더라도 손으로 문지르지 말고 면보를 들고 천천히 짠다.

3. 국물의 색이 진하거나 걸쭉하면 물을 조금 더 붓고 소금으로 간한다.

> **Tip** 짠맛이 느껴질 정도로 소금 간을 할 것.

4. 다진 마늘과 다진 생강을 면보에 거른 후 나온 마늘즙과 생강즙을 고춧물에 넣어 섞는다.

5. 면보에 거른 배즙을 고춧물에 넣는다.

6. 액젓을 약간 넣는다.

7. 배추, 무, 당근, 사과, 배, 고추, 쪽파 등 채소를 소금물에 씻은 뒤 나박썰기한다.

8. 준비한 채소를 ⑥의 고춧물에 넣는다.

9. 하루 정도 상온에 두었다가 냉장고에서 3일간 숙성한 다음 먹는다.

양념 건더기가 없어서 정말 깔끔하고 고급스럽네요.

탁월한 담 제거, 겨자

겨자는 토종 갓의 씨앗이다. 참고로 서양 갓의 씨앗은 머스터드, 고추냉이는 고추냉이풀의 뿌리를 갈아 만든 것이다. 겨자는 특이하게도 자체에 매운맛이 없고 물에 개야만 매운맛이 난다. 겨자의 매운맛은 시간이 지날수록 약해진다.

산뜻한 매운맛, 겨자의 효능

- 겨자의 매운맛은 몸을 따뜻하게 보호하면서 기와 혈을 원활하게 한다.
- 몸 안의 노폐물인 담을 내려준다. 음식이 잘 소화되면 기와 혈이 원활하여 담이 생기지 않지만, 소화 기능이 저하되면 음식이 에너지원 역할을 제대로 하지 못하고 노폐물인 담으로 쌓이게 된다. 관절 통증, 근육통, 옆구리 통증 등이 담의 일종. 또한 담이 뇌

로 가면 치매나 정신 질환에 걸리고, 소화기로 가면 허기짐을 느끼거나 위염·위궤양이 생기며, 폐로 가면 감기에 걸리지 않았는데도 가래가 나오는 증세가 나타난다. 매운맛이라고 모두 담을 없애는 건 아니지만, 겨자는 담을 없애는 데 탁월하다.

• 겨자에는 셀레늄과 마그네슘 같은 무기질이 풍부하다. 이런 성분이 항염 작용을 해 천식이나 관절염 치료에 효과적이다.

• 겨자는 세균 중에서도 가장 문제가 되는 대장균을 억제하는 능력이 뛰어나다. 어떤 요리라도 겨자를 넣으면 항균성이 높아진다.

• 겨자 안의 미로시나제 성분이 세포의 노화와 사멸을 방지한다. 항염증 효능이 뛰어나 파킨슨병에 효과적이라는 연구 결과도 있다.

 뚝딱 만드는 만능 겨자장

1. 따뜻한 물 1큰술에 식초 1큰술을 넣는다.

2. 새로운 투명 볼에 겨잣가루 2큰술과 물 3큰술을 넣어 섞는다.

3. 물에 갠 겨잣가루 1작은술을 식초물에 넣는다.

4. ③에 간장 1/2큰술과 약간의 소금을 넣어 잘 섞으면 완성.

　　Tip　샐러드 소스나 고기, 생선, 튀김 요리를 찍어 먹는 용도로 활용한다.

☕ 알싸한 맛이 느껴지는 꿀겨자수

겨자의 매운맛이 위장에 부담을 줄 수 있으므로 꿀겨자수는 하루에 3번씩 식후에 먹는다.

1. 250ml 정도의 미지근한 물에 둥굴레차 티백을 담가 3~4분 정도 우린다.

   Tip 37℃ 이상의 뜨거운 물을 사용하면 겨자 특유의 매운맛이 사라지고 쓴맛만 강하게 느껴진다. 따라서 반드시 미지근한 물을 사용할 것. 둥글레는 겨자의 매운맛을 보완해주고 몸을 촉촉하게 해준다.

2. 둥굴레차 티백을 우린 물에 꿀 3큰술을 넣는다.

   Tip 꿀은 겨자의 매운맛을 보완하고 소화기관을 보해준다.

3. 볼에 겨잣가루 2큰술과 미지근한 물 3큰술을 넣고 잘 젓는다.

4. 물에 갠 겨잣가루 1/2작은술을 ②에 넣고 저어 마신다.

겨자의 강한 맛보다는 특유의 톡 쏘는 알싸한 맛이 나네요.

Chapter

06

신맛의 재발견

만 년의 묘약, 식초

신맛 삼총사, 매실 · 살구 · 오미자

신맛이 나는 음식은 떠올리기만 해도 입안에 침이 고인다. 이런 이유로 입맛 없을 때 가장 먼저 찾게 되는 것이 신맛이다. 신맛은 입맛을 돋우는 데 효과적일 뿐만 아니라 살균 효과도 뛰어나다. 신맛을 내는 대표 식품인 식초와 과일 삼총사 매실, 살구, 오미자를 통해 신맛에 숨겨진 강력한 효능에 대해 알아보자.

만 년의 묘약, 식초

1만 년 동안 인류가 꾸준히 먹어
온 신비의 묘약, 식초는 입맛을
살려주고 위액의 분비를 촉진해
소화를 돕는다. 단백질 식품을
많이 먹으면 위산이 부족해져 위

에서 소화하기가 힘든데 식초가 위산 분비를 도와주는 것. 또한 식초는 천연
살균제이자 해독제이기도 하다. 어떤 부작용 없이 각종 부패균을 5분 이내에
제거한다. 특히 콜레라균도 30분 이내에 없애준다.
식초는 음식 안에 함유된 칼슘을 빠져나오게 하며 몸에 잘 흡수되도록 도와
준다. 따라서 성장기 어린이는 물론 갱년기이거나 골다공증이 생긴 여성이
식초를 먹으면 좋다. 식초는 비타민 D 생성에도 도움을 주는데, 비타민 D는
칼슘을 뼈로 흡수시키는 역할을 한다. 결국 식초가 칼슘의 이용 효율을 높여
뼈를 튼튼하게 하는 셈이다.

궁금했던 식초의 종류

식초는 크게 합성식초와 발효식초로 나뉘고, 발효식초는 다시 주정식초와 천연 발효식초로 나뉜다.

합성식초

석유에서 분리한 아세트산만 합성해서 만든 빙초산.

주정식초

시중에서 많이 판매하는 식초. 저렴하고 빠르게 만들기 위해 알코올 발효를 생략한 식초로, 초산이 주성분이고 다른 영양 성분은 거의 없다. 시중에서 가장 쉽게 구입할 수 있는 양조식초가 바로 주정식초로, 여기에 사과 농축액을 4% 이상 넣은 것이 사과식초(현미식초도 마찬가지)다. 이 식초에는 사과 향

분류		정의
합성식초		석유에서 분리·합성한 식초(빙초산)
발효식초	주정식초	주정을 초산·발효한 식초(속성 발효식초)
	천연(전통) 발효식초	곡류와 과일을 원료로 만든 식초

만 들어 있지 사과의 영양 성분은 전혀 없다. 하지만 초산의 효과는 얻을 수 있기 때문에 주정식초를 전혀 먹지 않는 것보다는 먹는 게 낫다.

천연 발효식초

곡류와 과일을 원료로 전통적인 발효 방식을 거쳐 만든 식초. 곡물이나 과일을 발효시켜 술로 만든 다음 이 술을 다시 초산 발효시켜 식초로 만든다. 천연 발효식초는 주정식초에 비해 맛이 더 고급스럽고 풍부하다. 또 색이 진한데 이는 항산화 성분이 풍부하게 들어 있기 때문이다. 또 초산, 구연산, 사과산, 젖산 등 60여 종의 유기산과 미네랄을 많이 함유하고 있다. 천연 발효식초의 산도는 약 6%. 섭취할 때에는 산도 1% 이하로 희석하는 것이 좋다. 산도가 높으면 위에 손상을 줄 수 있기 때문이다. 식초와 물의 비율을 1:6~10으로 희석해서 마시도록 한다.

 피로회복제, 천연 식초 꿀물

천연 식초와 꿀을 1:1 비율로 섞은 다음 5배의 물에 희석해서 마신다. 식초와 꿀은 두 시간 이내에 체내로 흡수되기 때문에 피로 해소에 매우 좋다.

Point
식초 섭취 시 주의해야 할 점
• 식초를 먹어서 속이 불편한 경우, 특히 위궤양이나 위염이 있으면 먹지 않도록 한다.
• 식초가 치아를 부식시킬 위험이 있으므로 가능한 한 입에 머금지 말고 빨리 삼킨다.

🍯 **기력 보강에 좋은 달걀식초**

토종 유정란 1개, 천연 식초 2큰술, 참기름(또는 들기름) 1큰술을 섞고 약간의 천일염으로 간을 하면 완성. 달걀식초는 미네랄과 비타민이 풍부해 영양학적으로 상당히 좋은 음식이다. 적절히 섭취하면 기력 보강은 물론 동맥경화를 예방할 수 있다.

천연 발효식초의 제왕, 흑초

흑초란 말 그대로 흑색을 띠는 식초를 말한다. 천연 발효식초를 자연 상태에서 3~7년 정도 숙성시키면 갈변 반응에 의해 흑초가 된다. 6개월 된 식초는 거의 밝은 색

More Tip

다양한 식초 활용법

• 생선에 식초를 살짝 발라 요리하면 비린내를 제거할 수 있다.
• 생선을 구울 때 프라이팬에 식초를 조금 뿌리면 생선이 눌어붙지 않는다.
• 도마나 칼을 씻을 때 식초를 사용하면 살균 효과를 볼 수 있다.

이지만, 시간이 지날수록 까맣게 변한다. 오랜 숙성 과정을 거치면서 다량의 아미노산과 항산화 물질이 생성되어 항암·항산화·항노화 물질이 풍부하다.

집에서 흑초 만드는 방법

1. 항아리 바닥에 대나무를 촘촘히 깐다.

2. 현미 고두밥과 누룩, 물을 1:1:2 비율로 섞어 반죽한다.

3. 항아리 속 대나무 위에 헝겊을 깔고 그 위에 반죽을 올려 밑술을 만든다.

4. 22~26℃를 유지하기 위해 항아리에 천을 덮은 다음 따뜻한 곳에서 보관한다.

5. 밑술을 담근 지 5일이 지나면 다시 현미 고두밥과 누룩, 물을 반죽해서 덧술을 올린다.

6. 덧술을 올린 지 10일 뒤부터 주걱으로 저어준다.

 Tip 5~6개월간 저어주는 작업을 반복한다. 그 후 3~7년 정도 숙성시키면 향과 맛이 부드러워지고 색은 진해진다.

 Tip 흑초는 물과 1 : 30~50 비율로 옅게 희석해서 먹는 것이 좋다. 처음에는 적은 양으로 시작해서 조금씩 늘려갈 것.

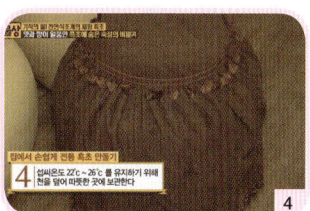

풍미가 좋고 천연 식초보다 훨씬 깊은 맛이 나네요.

흑초생기차는 몸을 따뜻하게 만들어주는 생강, 감초, 계피를 배합한 생강차에 흑초를 더해 만든다. 생강에 들어 있는 진저롤과 쇼가올 성분이 혈관을 확장하고 체온을 상승시켜 혈액순환을 촉진한다. 계피 역시 체온을 높여 몸을 따뜻하게 만든다.

1. 1ℓ의 물에 감초 한 쪽, 계피 두 쪽, 생강 30g을 넣고 1시간 정도 끓인다.

2. 물이 반으로 줄면 체로 건더기를 거르고, 걸러낸 물은 보관한다.

3. 걸러낸 건더기에 물 1ℓ를 넣고 다시 한 번 끓인 뒤 체로 건더기를 거른다.

4. 1차로 걸러낸 물과 2차로 걸러낸 물을 섞어 다시 끓여 생기차를 만든다.

> Tip 초탕과 재탕을 통해 재료의 성분을 최대한 많이 뽑아내기 위한 방법.

5. 200ml의 생기차에 소주잔 1/4 양의 흑초를 섞으면 완성.

> Tip 하루에 200ml의 흑초생기차를 5컵 마신다. 3~4개월 지속해서 마시면 수족냉증이 사라져 손발이 따뜻해진다.

집에서 만드는 천연 발효식초

이왕 식초를 먹어야 한다면 몸에 좋은 유기산과 각종 미네랄이 풍부한 천연 발효식초를 먹자. 최근 천연 발효식초의 효능이 알려지면서 시중에서도 쉽게 구할 수 있지  만, 단점은 가격이 너무 비싸다는 것. 하지만 집에서는 더 다양한 재료로 값싸고 손쉽게 천연 발효식초를 만들 수 있다.

집에서 천연 발효식초를 만들 때 반드시 필요한 것은 씨앗식초(종초)다. 씨앗식초를 사용하면 식초를 만들 때 실패할 확률이 낮고 초산 발효 기간도 단축할 수 있다. 씨앗식초의 재료는 합성 감미료나 첨가제가 들어 있지 않고 유통기한이 10일 정도인 생막걸리. 생막걸리를 초산 발효하면 씨앗식초가 된다.

 ## 천연 막걸리식초(씨앗식초) 만들기

1. 깨끗하게 소독한 유리 용기에 생막걸리를 앙금까지 다 붓는다.
2. 공기가 통하도록 광목천이나 한지를 용기 입구에 씌운 뒤 고무줄로 고정한다.

   Tip 초산균은 공중에 떠다니지 않고 먼지에 붙어 있다. 따라서 환경이 너무 깨끗하면 발효가 일어나지 않는다.
3. 상온에서 7~10일 동안 발효시키면 초막이 생기는데, 초산균이 막걸리 안으로 들어갈 수 있도록 살짝 흔들어 초막을 깨뜨린다.
4. 한 달 반 정도 지나면 씨앗식초로 사용할 수 있다.

고혈압 잡아주는 복숭아 천연 발효식초

1. 복숭아를 깨끗이 씻어서 껍질을 벗기고 씨도 제거한 다음 깍둑썰기한다.

2. 설탕을 복숭아 위에 골고루 뿌려 섞는다. 이때 설탕의 양은 복숭아의 20% 정도.

3. 초파리가 들어가지 않도록 망으로 입구를 막는다.

4. 7일 후 복숭아를 저어주면서 설탕을 녹인다.

5. 3개월이 지나 초산 발효가 끝나면 건더기를 걸러낸다. 1년 정도 더 숙성시킨 다음 먹는다.

신맛 삼총사, 매실·살구·오미자

매실, 살구, 오미자는 모두 신맛의 기본적인 효과는 물론 각각의 효능도 지니고 있는 막강 식재료. 신맛이 강해 과육 자체로 먹기보다는 주로 설탕과 섞어 청으로 만들어 먹는다. 각 과일로 청을 담그는 방법과 이를 통해 얻을 수 있는 효능에 대해 알아보자.

항균·항염증 효과가 뛰어난 매실

해마다 초여름이 되면 집집마다 매실청을 담그느라 분주하다. 한 번에 넉넉

히 담가놓으면 일 년 내내 요리 재료로, 천연 소화제로 사용할 수 있기 때문이다. 많은 주부들이 매실청을 담글 때 주로 청매실을 사용하는데, 사실 청매실은 과육이 단

단해서 장아찌용으로 더 알맞다. 매실청을 만들 때는 과육이 부드럽고 맛과 향이 달콤한 황매실이 좋다. 황매실은 청매실보다 구연산과 폴리페놀을 2배 더 많이 함유하고 있다.

🍯 황매실로 만드는 매실청

1. 황매실을 깨끗이 씻어 물기를 제거한 뒤 이쑤시개로 꼭지를 뺀다.

   Tip 꼭지를 빼야 깔끔한 매실청을 담글 수 있다.

2. 열탕 소독한 유리 용기에 황매실을 조금 넣고 그 위에 설탕을 뿌린다.

   Tip 황매실과 설탕의 비율은 1 : 0.9. 황매실은 과육 자체에 단맛이 많기 때문이다.

3. 다시 황매실을 넣고 설탕을 뿌리는 식으로 용기의 70%를 채운다.

   Tip 발효 과정에서 넘칠 수 있으므로 공간을 남겨 놓는 것.

4. 초파리가 들어가지 않도록 한지로 용기의 입구를 덮고 가스 배출을 위해 뚜껑은 살짝 얹어 놓는다.

5. 2~3일에 한 번씩 손을 깨끗이 씻고 물기를 완전히 말린 다음 병에 넣어 설탕이 잘 녹도록 젓는다.

   Tip 설탕이 다 녹을 때까지 저어주는 것이 포인트.

6. 집안에서 가장 시원한 곳에(23~25℃) 두고 두 달 정도 지나면 과육을 거른다.

   Tip 청매실은 독성 때문에 석 달 후에 거르지만, 황매실은 독성이 약해 두 달 만에 걸러도 된다. 완성된 황매실청은 바로 먹는 것보다 1년 정도 숙성시켜 먹는 것이 더 좋다.

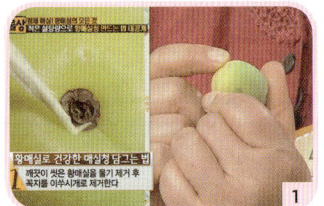

🥄 새콤달콤한 매실절임

1. 청매실은 씨를 발라낸 다음 사과 자르듯 6등분한다.

2. 매실과 설탕을 1:1 비율로 넣고 버무린다.

> **Tip** 단맛이 싫으면 설탕 비율을 줄인다. 설탕을 적게 넣으면 숙성시킨 다음 냉장고에 더 빨리 넣어야 한다. 설탕을 줄이는 대신 소금을 약간 넣으면 보존 기간을 늘릴 수 있다.

3. 뚜껑을 덮어 실온에서 2주 정도 숙성시킨 다음 냉장 보관한다.

식감이 아삭해요. 밥도둑이 따로 없네요.

Point

좋은 매실 고르는 법

- 500원 동전 크기만큼 알이 굵은 매실을 고른다.
- 씨가 단단한 매실을 고른다. 완숙된 매실은 씨가 단단하지만 풋매실은 씨가 물러서 잘 갈라진다. 이로 깨물면 알 수 있다.
- 청매실에서 황매실로 넘어가는 중간 단계의 매실로 청을 담그면 풍미가 가장 좋고 착즙이 잘 된다.

🥄 입맛 돋우는 매실고추장장아찌

1. 숙성시킨 매실절임에 약간의 다진 마늘과 소금을 넣는다.

2. 적당량의 고춧가루를 넣는다.

3. 고추장을 넉넉히 넣고 깨를 약간 첨가한다.

4. 양념이 잘 섞이도록 버무리면 완성.

More Tip

무궁무진한 매실 활용법

• 매실 천연 소화제 만들기

속이 더부룩하거나 체했을 때 소화제 대신 마신다. 매실청보다 훨씬 효과가 탁월해 조금만 먹어도 충분하다.

1 냄비에 매실과 매실이 잠길 정도의 물을 넣고 약한 불에서 삶는다.

2 투명 볼 위에 면보를 올리고 매실을 쏟은 다음 매실의 즙을 짠다.

• 초간편 자연 숙성 매실즙 만들기

식용이 아니므로 먹지 말 것. 자연 숙성 매실즙은 모기 물린 곳에 바르면 좋다. 또 상처가 나지 않은 약한 무좀이 있을 때 매실즙을 물에 희석해 족욕하면 효과를 볼 수 있다. 매실 속의 폴리페놀 성분이 항균 작용을 하기 때문이다.

첨가물 없이 매실만 밀봉(가스는 빠져나가되 초파리가 들어가지 못하도록)한 뒤 한 달간 숙성시키면 완성.

젊음의 묘약, 살구

살구가 주황색을 띠는 것은 베타카로틴이라는 성분 때문이다. 베타카로틴은 몸속의 독성물질과 발암물질을 무력화한다. 즉 몸에 베타카로틴이 일정하게 유지되면 암, 관절염, 백내장 등을 예방할 수 있다. 또 살구에는 항산화 물질인 퀘르세틴과 카테킨이 풍부하고, 칼륨도 많아서 나트륨을 몸 밖으로 배출시킨다. 살구가 덜 익으면 풋매실과 구분하기가 어려운데, 이럴 때는 칼로 씨를 발라 보면 알 수 있다. 매실씨에는 구멍이 있지만 살구씨는 구멍 없이 매끈하다. 살구의 제철은 6~7월. 이 시기에 수확된 살구 중에서도 과육이 풍부하고 흔들었을 때 씨가 떨어져 소리가 나는 것이 맛있는 살구다.

살구씨는 매끈하다.   매실씨는 구멍이 있다.

〈생김새도, 맛도 비슷한 살구와 매실 구별법〉

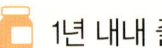 **1년 내내 즐기는 살구청**

1. 살구를 깨끗하게 씻은 다음 물기를 제거한다.

2. 살구씨를 제거하고 반으로 자른다.

> **Tip** 살구씨에는 독성이 있기 때문에 반드시 제거할 것. 단, 발효를 오래 하거나 열을 가하면 독
> 성이 없어지므로 충분히 발효할 경우라면 씨를 제거하지 않아도 된다.

3. 저장 용기에 살구와 설탕을 1:1 비율로 겹겹이 넣는다.

4. 한 달간 숙성시킨 다음 건더기를 걸러내면 완성.

> **Tip** 1년 동안 발효가 잘되면 알코올이 5% 정도 생겨 섭취했을 때 몸을 따뜻하게 해준다.

청을 만들고 남은 살구 건더기는 아무런 첨가물을 넣지 않아도 잼으로 만들 수 있다.

천식 잡는 오미자

오미자는 다섯 가지 맛이 난다고 하여 붙여진 이름. 과육과 껍질에는 신맛과 단맛이, 씨 안쪽에는 쓴맛과 매운맛이, 전체적으로는 짠맛이 난다. 오미자는 천식과 만성 기관지염 치료에 특히 효과적이다.

새콤달콤 오미자청 만들기

1. 오미자를 깨끗하게 씻은 다음 물기를 제거한다.

2. 오미자에 설탕을 넣어 6개월 이상 발효시킨다. 설탕의 양은 오미자의 20% 정도.

> **Tip** 오미자는 과립보다 씨앗에 좋은 성분이 많다. 이 성분을 추출하기 위해서는 3~6개월 이상 숙성시켜야 한다.

차갑게 즐기는 오미자차

오미자차는 다른 차와 달리 유일하게 찬물로 우려낸다. 여름에는 12시간, 겨울에는 24시간 동안 찬물에 우린 뒤 냉장 보관해서 차가운 상태로 마신다. 뜨거운 물에 우리면 떫은맛이나 신맛이 나기 때문이다.

Chapter

07

단맛의 비밀

달콤한 적, 설탕
천연 영양제, 꿀
천연 재료로 만드는 단맛

단맛은 남녀노소 누구나 좋아한다. 설탕을 넣은 달달한 음식을 먹으면 기분이 좋아지고 힘도 나기 때문에 즐겨 먹게 되는 것. 그런데 이렇게 행복을 주는 단맛은 실제로 우리 몸에 부정적인 영향을 끼치기도 한다. 음식을 맛있게 만드는 데 꼭 필요한 단맛, 지금부터 건강하게 섭취하는 방법에 대해 알아보자.

달콤한 적, 설탕

최근 설탕에 대한 인식이 바뀌고 있다. 어느 가정의학과 전문의는 '설탕은 내 몸을 죽이는 살인자'라고 칭하며 '건강하게 장수하고 싶으면 설탕만 끊으면 된다'라고  말한다. 그렇다면 달콤한 설탕이 우리 몸에 위험한 이유는 무엇일까?

설탕 중독은 마약 중독보다 더 치명적이다

설탕이 위험한 이유는 쉽게 중독되기 때문이다. 설탕 중독에 빠지면 인슐린이 과다하게 분비되는데 이때 여러 가지 문제가 발생한다. 인슐린은 염증을 유발하는 호르몬으로 각종 성인병을 발생시키고 노화를 촉진한다. 물론 인슐린이 적당히 분비되면 혈당을 낮춰 우리 몸을 지켜주지만, 과다하게 분비되면 내성이 생겨 뇌졸중이나 암 같은 심각한 병에 걸릴 확률이 2배나 증가하게 된다.

설탕을 많이 먹으면 우울증에 걸린다

단맛을 먹으면 '행복 호르몬'이라고 불리는 세로토닌이 분비된다. 즐겁고 편안해지는 기분을 느낄 수 있는데, 문제는 이런 현상이 매우 일시적이라는 것. 단맛은 지나치게 많이 먹으면 내성이 생겨 점점 단맛을 더 많이 먹게 된다. 이때부터 단맛을 먹지 않으면 불안하고 초조하고 집중력이 저하되는데 이를 '설탕에 의한 우울증(sugar blues)'이라고 부른다. 즉, 단맛이 만성화되면 주의력 결핍, 과다행동장애, 우울증 등 정신과적인 질병의 원인이 될 수 있다.

건강을 해치는 주범, 백설탕·흑설탕·황설탕

우리가 시중에서 구입하는 흑설탕은 사탕수수나 사탕무를 정제해서 캐러멜 색소를 입힌 것이다. 황설탕 역시 백설탕, 흑설탕과 마찬가지로 정제된 설탕이므로 몸에 좋지 않다. 건강한 설탕을 섭취하고 싶다면 비정제 설탕으로 사탕수수에서 추출한 즙을 가공해서 만든 원당을 먹는다. 정제 설탕보다 단맛이 덜하지만 미네랄과 비타민을 함유하고 있다. 하지만 이 역시 설탕이기 때문에 많이 섭취하면 몸에 좋지 않다.

천연 영양제, 꿀

설탕 중독에 빠지지 않으려면 설탕 대신 꿀을 사용한다. 설탕보다 좋다고 알려진 물엿이나 조청 역시 그 안의 포도당이 인슐린 분비를 촉진하지만, 꿀은 이런 염려 없이 미네랄과 아미노산, 비타민 등의 영양분까지 섭취할 수 있다. 특히 천연 꿀에는 몸에 좋은 면역 성분이 함유되어 있고 통증을 완화하는 효과가 있다. 또 방부 효과가 있어 김치를 담글 때 설탕 대신 꿀을 넣으면 김치가 무르지 않고 오래 보관할 수 있다. 김치 위에 덮는 우거지에도 꿀을 살짝 바르면 곰팡이가 피는 것을 예방할 수 있다.

꿀의 종류

꽃의 종류에 따라 꿀의 맛과 색상, 향이 다르다. 아카시아꽃에서 만들어지는 꿀은 물에 가까운 수백색이며 맛과 향은 달고 부드러우면서 은은하다. 밤꿀은 짙은 흑갈색이고 달면서 씁쓸한 맛이 난다. 밤꿀 특유의 강한 향도 나는데

석청　　　　　　　목청

그 효과는 어떤 꿀보다 탁월한 편. 균을 제거하고 위산 과다에 의한 속쓰림이나 위궤양에 효과가 뛰어나다.

벌집의 위치에 따라 석청과 목청이라는 종류의 꿀도 있다. 석청은 꿀벌들이 돌 내에 벌집을 짓고 그 안에 저장한 꿀이며, 목청은 나무 사이에 지은 벌집에서 채취한 꿀이다.

위의 천연 꿀과 달리 사양 벌꿀은 꽃이 피지 않는 시기나 장마철, 이른 봄, 월동 시기에 꽃의 꿀 대신 설탕을 벌에게 먹여 만든다. 사양 벌꿀은 소비자가 알 수 있도록 용기에 표기되어 있다. 따라서 꿀을 구입할 때는 천연 꿀인지 사양 벌꿀인지 확인하고 구입한다.

More Tip

꿀물 제대로 타는 비법

컵에 물을 부은 다음 꿀을 넣고 저어야 잘 녹여 마실 수 있다. 물에 꿀을 넣고 끓이거나 뜨거운 물에 꿀을 타면 미네랄과 비타민 등 꿀 속의 좋은 성분이 파괴되므로 끓인 물을 미지근하게 식힌 뒤 꿀을 타서 마신다.

꿀에 결정이 생기는 이유

꿀에 과당보다 포도당이 많으면 결정이 잘 생긴다. 유채꿀과 싸리꿀은 포도당 함량이 높아 일주일 만에 결정이 생기지만 밤꿀은 과당 함량이 높아 결정이 생기지 않는다. 꿀에 결정이 생겨도 성분에는 이상이 없으므로 안심하고 먹어도 된다. 그래도 결정을 없애려면 냄비에 물을 붓고 꿀이 담긴 통을 넣어 서서히 열을 가한다. 이때 꿀에 직접 열을 가하는 것이 아니라 중탕으로 열을 주어 서서히 녹일 것.

 꿀로 만드는 멸치견과류조림

1. 멸치를 기름에 살짝 볶는다.
2. 견과류를 따로 볶아 멸치와 섞은 다음 꿀로 버무린다.
   Tip 꿀이 멸치의 비린내를 제거하며, 시간이 지나도 딱딱해지지 않고 부드럽다.

설탕 없이 손쉽게 만드는 꿀술 발효액

설탕을 넣어 만든 시판 발효액의 당도는 40.4브릭스, 꿀로 만든 꿀술 발효액의 당도는 25.7브릭스. 재료에 따라 발효액의 당도가 확연히 차이가 나므로 꿀을 활용한다. 꿀술 발효액은 3배 정도의 물에 희석해 마시거나 설탕 대신 음식에 넣는다.

1. 꿀과 물을 1 : 3 비율로 섞는다.

   Tip 물은 생수를 사용한다. 수돗물을 사용해야 한다면 상온에 24시간 두어 염소를 가라앉힌다. 수소수(수소가 다량 함유된 물로 몸속의 활성산소를 제거해준다)를 사용해야 발효가 더 잘되기 때문이다.

2. 발효액 담을 유리병을 찬물에 넣고 끓여 소독한다.

   Tip 유리병에 뜨거운 물을 갑자기 부으면 병이 깨질 수 있으니 주의할 것.

3. 소독한 병에 잘 섞은 꿀물을 붓는다.

4. 유리병 입구를 한지로 덮고 만든 날짜를 써놓는다.

   Tip 공기 중의 좋은 미생물이 병 안으로 들어갈 수 있도록 한지는 2장 이상 덮지 않는다.

5. 25~28℃의 실온에 두고 3~4주 뒤 거품이 가라앉으면 발효액 완성.

   Tip 완성한 발효액에 곰팡이가 피지 않도록 병을 자주 흔들어준다.

발효액 특유의 신맛과 술맛이 나요.

천연 재료로 만드는 단맛

꿀 이외에 단맛을 내기 위해 사용할 수 있는 천연 재료로는 수국차와 감초가 있다. 수국차와 감초는 단맛을 내면서 각각의 영양 성분으로 우리 몸을 이롭게 하는 '착한 단맛'. 두 가지 재료로 간단하고 맛있게 만드는 요리법을 공개한다.

천연 감미료, 수국차

수국차는 수국으로 만든 차가 아니라 수국과에 속하는 차나무를 말한다. 설탕보다 당도가 1,000배 높지만 몸속에는 0.1%도 안 되게 흡수된다. 수국차는 방부 효과가 있어 장을 담글 때 넣으면 장이 빨리 시지 않는다. 또 단맛과 함께 박하향이 나서 목을 많이 쓰는 사람에게 좋고 편도염과 후두염에 효과적이다. 혈당을 올리지 않아 다이어트에도 도움을 준다. 수국차는 미지근한 물보다 찬물에 천천히 우려 마실 것. 그래야 깊은 향이 나면서 맛이 더 좋아진다.

🍵 청량감 듬뿍 수국차물김치

1. 절인 무와 배추, 미나리, 고추 등 물김치 재료를 볼에 넣고 섞는다.

2. 섞은 재료를 유리병에 차곡차곡 담는다.

3. 찬물에 24시간 우린 수국차를 유리병에 붓는다.

4. 소금을 약간 넣어 간한다.

5. 반나절만 익힌 뒤 냉장 보관한다.

전혀 달지 않고
시원해요.

단맛을 내는 대표 약재, 감초

감초는 단맛이 가장 강한 약재로 다양한 약재들을 서로 조화롭게 하며 몸속의 독성을 제거한다. 감초에 들어 있는 글리시린 성분이 몸속의 독성물질과 결합해 밖으로

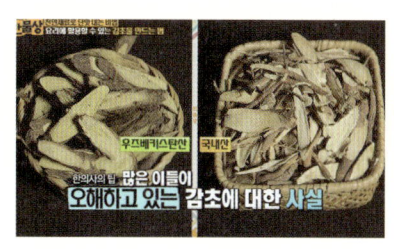

배출되는 것. 우리나라에서는 주로 한약재로 쓰이지만, 덴마크에서는 성인 1인당 연간 2.2kg의 감초를 소비할 정도로 다양한 음식에 활용한다. 뿐만 아니라 감초로 만든 주사는 만성 간염이나 알레르기 질환에 처방되기도 한다. 감초의 원산지는 우리나라를 비롯해 우즈베키스탄, 내몽고, 중국 북부, 유럽 등 매우 다양하다. 꼭 국산이 아니어도 안전하게 유통되었다면 원산지는 크게 신경 쓰지 않아도 된다.

 다양한 요리에 활용하는 감초물

냄비에 감초 30g과 물 700ml를 넣고 센 불에서 끓이다가 약한 불로 줄여 30분 정도 더 끓이면 완성.

은은한 단맛이 느껴지는 감초두유

1. 냄비에 불린 메주콩 500g과 물 400g, 감초물 300g을 넣는다.

> **Tip** 생메주콩 200g을 불리면 500g이 된다.

2. 냄비 뚜껑을 열고 5분 정도 삶는다.

3. 삶아서 식힌 콩과 물을 믹서에 넣는다.

4. 소금을 약간 첨가한 다음 갈면 완성.

> **Tip** 감초두유에 찹쌀 경단을 넣어 먹으면 더 든든하게 즐길 수 있다.

 More Tip

그밖에 천연 재료로 단맛 내는 비법

- 시중에서 판매하는 양파즙을 2/3 정도 졸여서 사용하면 단맛도 내면서 재료의 잡냄새를 없애준다. 특히 고기 요리나 조림할 때 사용하면 좋다.
- 양파즙과 사과즙을 7:3 비율로 섞은 다음 졸여서 사용한다.
- 잘 익은 바나나를 말려 가루로 낸 뒤 우유에 타 먹거나 나물무침에 활용한다.

🥄 한입만 먹어도 든든한 감초찹쌀푸딩

아침 식사로, 환자식으로도 충분한 영양 만점 간식.

1. 냄비에 찹쌀가루 100g을 넣는다.

2. 감초물 150g과 우유 500g을 냄비에 넣는다.

3. 약간의 소금을 넣고 걸쭉한 상태가 될 때까지 저으면서 끓이면 완성.

> **Tip** 녹차가루를 살짝 얹어 먹으면 감초의 쓴맛이 없어진다. 차갑게 먹을 때에는 녹차가루 대신 쑥가루를 뿌려 먹으면 좋다.

집에서 찾은 명약

비싸고 귀한 음식만 몸에 좋은 것이 아니다. 동네 시장에서 늘 구할 수 있는 평범한 식재료가 때론 최고의 약이 될 수 있다. 도라지, 무, 버섯, 양배추, 파, 다시마 등 밥상에 자주 오르는 식재료의 '힘'에 주목해보자.

밥상 위의 보약, 무

요즘에는 사시사철 무를 먹을 수 있지만, 무는 가을에서 겨울로 넘어갈 때 영양분이 많아지므로 겨울 무를 먹는 것이 건강에 가장 좋다. 한의학적으로 무는 기  운을 내리는 역할을 한다. 따라서 상기된 기운으로 인해 상체가 들썩일 정도로 기침을 하는 경우, 오래된 기침으로 가래에 피가 섞여 나오는 경우 또 두통이 생기고 얼굴에 열이 오르는 경우 무를 먹으면 도움이 된다.

- 무 특유의 향과 매운맛을 내는 시니그린 성분은 부기와 열기를 완화하고 인후 염증을 가라앉힌다.
- 무에 함유된 아이소싸이오사이아네이트 성분은 내성을 가진 균주를 죽이는 항균 효과가 뛰어나다.
- 무에는 소화 효소가 풍부해 체했을 때 천연 소화제로 활용할 수 있다. 무에 들어 있

는 대표적인 소화 효소는 디아스타아제. 이 효소가 가장 활발히 반응하는 온도는 25~40℃이고 60℃가 넘어가면 활동이 저하된다. 따라서 무는 100℃ 이상으로 끓여 먹는 것보다 따뜻한 온도에서 조리해 먹는 것이 좋다.

기관지 질환에 특효약 무배즙

목 안이 빨갛게 부어오르고 통증이 있는 인후염에 특효약이다. 단, 무즙 자체를 장기간 복용하면 기운이 너무 가라앉기 때문에 평소에 먹기보다는 증상이 있을 때만 먹는다.

1. 무를 믹서에 넣고 간다. 이때 물기가 적으면 물을 약간 첨가한다.

2. 무와 같은 양의 배를 믹서에 넣고 간다.

> Tip 무와 배는 각각 갈아서 나중에 섞는 것이 좋다.

3. 간 무즙과 배즙을 각각 면보에 거른 뒤 섞으면 완성.

> Tip 무의 시니그린 성분은 빨리 휘발되기 때문에 갈아서 바로 먹는다.

시원하고 달짝지근해요.

🥄 약이 되는 무꿀찜

1. 찜통에 넣을 그릇의 크기에 맞게 무를 자른다.

2. 숟가락으로 무 가운데를 파낸다.

3. 생강 1쪽, 대추 1알, 긁어낸 무, 꿀 1큰술을 파낸 무 속에 넣는다.

4. 찜통 위에 ③을 올리고 다른 그릇으로 뚜껑처럼 덮은 뒤 끓인다.

5. 30분 정도 지나 물이 생기면 베 보자기로 짜서 마신다.

🥄 무로 만든 감기약 무꿀절임

1. 무를 강판에 갈아 무즙을 낸다.

2. 무즙과 동량의 꿀을 넣어 잘 섞은 다음 하루 정도 숙성시킨다.

담백하고 무가
자근자근 씹
혀요.

무씨로 만드는 천연 소화제 무씨차

무씨는 '나복자'라 하여 한약재로 쓰이는데, 소화가 안 될 때 무보다 속을 더 빨리 뚫어주는 작용을 한다. 무씨는 프라이팬에 살짝 덖은 뒤 빻아서 따뜻할 때 먹는다. 좀 더 약성을 높이려면 소화 효과가 탁월한 엿기름을 넣어 차로 만들어 먹는다.

1. 냄비에 엿기름을 넣는다.

2. 엿기름과 같은 양의 덖은 무씨를 냄비에 넣는다.

3. 물을 붓고 30분 정도 불린다.

> **Tip** 30분 정도 불리면 수용성 성분이 충분히 우러난다.

4. 불린 물을 끓이다가 팔팔 끓으면 약한 불로 줄여 1시간 정도 달인다.

5. ④의 건더기를 베 보자기에 넣어 맑은 물만 걸러낸다.

> 엿기름을 넣어서 그런지 식혜 맛이 나고, 구수한 숭늉 맛도 나요.

간단하게 만드는 감기약 무말랭이차

몸살 기운이 있을 때 무말랭이차에 생강즙을 넣어 먹으면 맛도 영양도 좋아진다. 단, 몸에 열이 날 때는 생강즙을 넣지 않는다. 말린 무를 12분 정도 노릇노릇하게 덖은 다음 끓는 물을 부어 진하게 우린 후 마시는 것도 좋은 방법.

1. 무말랭이에 뜨거운 물을 부어 살짝 튀긴다.
2. 튀긴 무말랭이를 찻주전자에 넣고 다시 뜨거운 물을 부어 5분 정도 우리면 완성.

톡 쏘는 맛이 매력적인 강화 순무

강화의 특산품인 순무는 특유의 매운맛을 지닌 것이 특징. 대표적인 알칼리 식품으로 칼륨과 식이섬유가 풍부해서 피로 해소, 혈액 순환, 다이어트에 좋다. 찬 성질의

무와 달리 순무의 성질은 따뜻해 소화를 돕고 속의 열을 풀어주며 기운을 아래로 내려준다. 간 기능의 활성화에도 도움을 주어 황달 치료에 활용한다. 껍질에 매운맛이 강하므로 생으로 먹을 때는 껍질을 두껍게 벗겨야 한다.

🥄 순무섞박지 맛있게 만들기

섞박지는 넓적하게 썬 무를 양념에 버무려 먹는 김치. 여름에는 1~2일, 가을과 겨울에는 4~5일 정도 숙성시켜 먹는다.

1. 순무를 깨끗이 씻은 다음 적당한 크기로 넓적하게 썬다.

> **Tip** 순무는 소금에 절이면 무르기 쉬우므로 소금물에 절이지 말 것.

2. 황태, 멸치, 다시마, 표고버섯을 물에 넣고 끓여 육수를 만든다.

3. 넓적하게 자른 순무에 육수를 약간 넣는다.

4. 배즙과 양파즙을 넉넉히 넣는다.

5. 다진 생강은 약간, 다진 마늘은 넉넉히 넣는다.

6. 중하 새우로 만든 새우젓을 곱게 갈아 넣는다.

7. 소금을 약간 뿌리고 매실 발효액을 넣는다.

8. 거칠게 간 고춧가루를 넣는다.

    Tip 입자가 고운 고춧가루를 사용하면 고춧가루가 아래에 가라앉아 김치가 볼품 없어진다.

9. 순무의 잎과 갓을 적당한 크기로 잘라 넣는다.

10. 적당한 크기로 썬 쪽파를 넉넉히 넣는다.

    Tip 쪽파를 많이 넣어야 시원한 맛을 낼 수 있다.

11. 김치를 버무리기 전에 물을 약간 넣는다.

    Tip 순무는 수분이 적어 물이 나오지 않으므로 그냥 버무리면 맛이 없다. 따라서 버무리기 전에 물을 반드시 넣어야 한다.

12. 순무와 양념이 잘 섞이도록 버무리면 완성.

칼슘이 풍부한 게걸무

게걸무는 이천의 토종 무다. 수분이 적은 게걸무는 조직감이 단단하고 매운맛이 강하다. 일반 무보다 칼슘 함량이 약 3배 정도 높고, 마그네슘과 칼륨 함량도 높다. 다

른 무와 달리 단백질 분해 효소인 프로테아제가 많아 육류 요리를 할 때 게걸무를 넣으면 소화를 돕는다.

🥄 작지만 강한 맛, 게걸무짠지

1. 깨끗이 씻은 게걸무를 통째로 유리병에 넣는다.

2. 2ℓ의 물에 소금 두 줌을 넣어 소금물을 만든다.

> **Tip** 소금이 물에 잘 녹도록 저어줄 것.

3. 게걸무가 담긴 유리병에 소금물을 넣는다.

4. 고추씨를 적당량 넣는다.

> **Tip** 고추씨가 군내를 없앤다.

5. 뚜껑을 덮고 1년간 숙성시킨다.

강력한 항암 식품, 표고버섯

중국에서는 버섯을 불로장생의 약으로, 그리스에서는 신의 식품으로 부른다. 버섯 중에서도 표고버섯은 미국 식품의약국에서 10대 항암 식품으로 선정했을 정도

로 항암 효과가 뛰어나다. 뿐만 아니라 우리나라 한양대 예방의학팀에서 버섯과 유방암 발생 빈도에 관한 연구를 진행한 결과, 표고버섯을 많이 먹을수록 유방암 발생 빈도가 낮았다. 이처럼 표고버섯의 항암 효과가 연구를 통해 입증되고 있는 만큼 가족의 건강을 위해 표고버섯을 식탁 위에서 맘껏 즐겨보는 건 어떨까.

- 표고버섯의 강력한 항암 성분은 렌티난. 이 성분이 세균과 바이러스를 일차적으로 죽이는 대식세포와 NK면역세포의 기능을 올려준다. 또 골수에서 면역세포를 생성하게 도와주고 장 염증을 일으키는 물질을 억제한다.

- 비타민 B가 풍부하다. 비타민은 우리 몸에서 만들지 못하기 때문에 따로 섭취해야 하는데 채소 중에서 표고버섯에 비타민 B가 가장 많이 들어 있다.
- 남자의 생식 기능과 면역 기능에 중요한 셀레늄이 많다.
- 단백질이 풍부해 채식하는 사람이 고기 대용으로 먹기에 좋다.

표고버섯의 제철 시기

표고버섯이 맛있는 시기는 3~9월로, 3월부터 수분이 빠져나가 단단하고 쫄깃해진다. 따라서 표고버섯을 말리려면 3월 중순 이후에 구입하는 것이 좋다. 말릴 때 찬바람을 타면 검게 변하지만 먹는 데에는 전혀 상관없으므로 걱정하지 않아도 된다. 자연산 표고버섯은 가을에 채취한 것이 좋지만 구하기 힘들다. 요즘에는 톱밥과 참나무를 이용해 양식하는데, 양식 버섯은 봄에 딴 것이 맛과 향, 영양 면에서 좋다.

좋은 표고버섯 고르는 법 & 저장하는 법

갓이 둥글고 예쁜 것보다는 크고 넓게 퍼진 것이 좋다. 아주 예쁘고 매끈한 버섯은 약품 처리한 중국산일 가능성이 크다. 표고버섯은 안쪽에서부터 상하기 때문에 반드시 겉보다 안을 보고 구입해야 한다. 안쪽 주름이 고른 것이 좋은 표고버섯. 안쪽에 구멍이 생긴 표고버섯은 절대 사지 말아야 한다. 구멍 속에 표고 벌레가 살고 있기 때문이다.

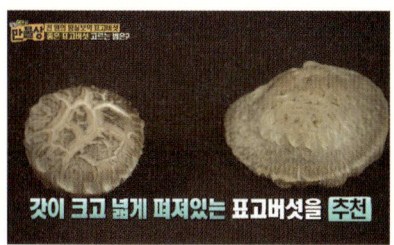

열이 많은 표고버섯은 서로 잘 붙기 때문에 대량으로 구입한 경우 냉장고에 넣지 말고 채반에 펼쳐서 보관한다. 냉장고에 넣어두면 냉장고 냄새를 다 빨아들여 맛이 없어진다.

표고버섯 효과적으로 섭취하는 방법

생으로 먹어도 좋지만, 말리면 영양 밀도가 훨씬 더 높아진다. 특히 표고버섯을 말리면 비타민 D는 물론 비타민 B_6와 엽산이 풍부해져 혈액의 흐름이 원활해진다. 표고

버섯 달인 물을 마시는 것도 효능을 제대로 얻는 방법. 표고버섯을 물에 달이면 염증 제거와 항암 작용이 극대화된다. 표고버섯의 강력한 항암 성분인 렌티난이 따뜻한 물에서 잘 우러나기 때문에 흡수율이 높아진다.

1. 배와 양파 1/2개씩, 식초·고운 고춧가루·생들기름·조청 2큰술씩, 다진 마늘·다진 파·비정제 설탕·소금 1큰술씩, 간장 1/2큰술을 믹서에 넣고 갈아 2시간 숙성시킨다.

2. 생표고버섯 600g을 끓는 소금물에 살짝 데친다.

3. 데친 표고버섯을 얼음물에 담갔다가 건져 손으로 물기를 꼭 짠 다음 4등분한다.

   Tip 식감을 좋게 하기 위해 얼음물에 담그는 것.

4. 채 썬 양파와 얇게 썬 오이를 각각 소금에 절였다가 꼭 짠다.

5. 표고버섯에 절인 양파와 오이 그리고 비트를 약간 넣고 ①에서 만든 소스를 넣어 잘 버무린다.

표고버섯의 식감이 쫄깃쫄깃해서 진짜 회가 들어 있는 것 같아요.

🥄 탱글탱글 표고묵 만들기

표고버섯을 우려낸 물은 일종의 조미료로 요리의 감칠맛을 더해준다. 말린 표고버섯에 무와 무청, 다시마를 넣고 끓인 채수는 다양한 국이나 찌개에 활용할 수 있다.

1. 찬물 또는 표고버섯을 우려 식힌 물 1ℓ에 한천가루 1+1/2큰술을 넣는다.

> **Tip** 반드시 찬물에 한천가루를 녹여야 덩어리지지 않는다.

2. 깨끗이 씻은 버섯의 대와 갓을 분리한 다음 갓을 얇게 편으로 썬다.

3. 한천가루 녹인 물을 끓인다. 팔팔 끓을 때 편으로 썬 버섯을 넣고 버섯이 익을 때까지 한소끔 끓인다.

4. 투명 용기에 ③을 담고 굳힌다.

5. 굳힌 묵을 얇게 썰면 완성.

> **Tip** 표고묵은 최대한 얇게 썰어야 탱글탱글한 식감을 맛볼 수 있다.

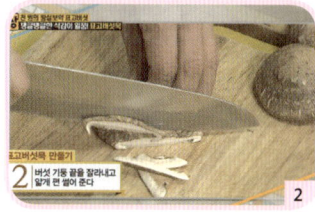

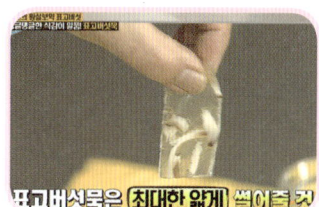

고소한 향이 매력적인 표고버섯차

1. 깨끗이 씻은 표고버섯의 대와 갓을 분리한 다음 갓을 얇게 채 썬다.

2. 채 썬 표고버섯을 채반에 널어 말린다.

  Tip 더 빨리 말리기 위해 선풍기 바람으로 1차 건조를 마친 뒤 햇볕에 말린다. 너무 바싹 말리면 덖는 과정에서 탈 수 있으므로 3~4%의 수분이 남아 있을 정도로만 말린다.

3. 프라이팬에 말린 표고버섯을 넣고 남은 수분을 날릴 정도로 살짝 덖는다.

  Tip 버섯의 비린 향을 날리고 고소한 맛을 더하기 위한 과정.

4. 물 1ℓ에 덖은 표고버섯을 넣고 10분 정도 끓인 뒤 따뜻할 때 마신다.

  Tip 덖은 표고버섯에 끓는 물을 부어 마셔도 좋다.

부드럽고 아주 고소하네요.

천연 위장약, 양배추

무려 2,500년 전부터 재배된 양배추는 가격이 저렴하면서도 몸에 좋은 영양소를 다양하게 함유하고 있어 '민간 의사' 또는 '가난한 사람들의 의사'라고 불린다. 양배추에는 무엇보다 위장에 좋은 성분이 풍부하다. 따라서 위궤양이나 위염 등 위장병으로 고생하는 사람들이 먹으면 도움된다.

• 양배추 달인 물을 마시면 뭉친 기운이나 운동 후 생긴 근육통을 푸는 데 효과적이다.

양배추 심, 버리지 마세요!

양배추 심은 딱딱해서 보통 먹지 않고 버리는데 여기에 비타민과 항암물질이 더 많이 함유되어 있다. 즉 양배추 심을 버리고 잎만 먹는 것은 약을 버리고 약 봉지만 먹는 것과 같다. 요리하고 남은 양배추 심을 비닐팩에 넣어 냉동 보관했다가 조금씩 잘라 국물 낼 때 넣으면 감칠맛을 낼 수 있다. 또 잘게 잘라 생선조림 등에 넣으면 천연 조미료의 역할을 톡톡히 한다. 심을 채 썰어 밥에 넣어도 좋다.

- 위장 치료 성분이 풍부해 위궤양과 위염에 좋다.
- 항산화 효과가 뛰어난 설포라판 성분이 위염, 위궤양 등을 유발하는 헬리코박터균을 퇴치해준다.
- 비타민 A, B, C는 물론 비타민 U와 비타민 K를 함유하고 있다. 특히 지혈 작용을 하는 비타민 K는 위점막의 출혈을 억제해준다.

양배추 제대로 섭취하기

양배추는 익히지 않고 생으로 먹는 것이 가장 좋다. 조리를 하면 비타민 같은 영양분이 파괴되기 때문이다. 양배추를 생으로 먹을 때 보통 잘게 썰는데, 두툼하게 썰어서 꼭꼭 씹어 먹는다. 씹는 과정에서 디인돌리메탄이라는 강력한 항암 성분이 생성되고, 뇌에 포만감이 전달되어 다이어트에도 효과적이다. 믹서에 넣어 완전히 갈아 마시는 것도 좋은 방법. 생으로 먹기 부담스럽다면 찬물에 양배추를 넣고 1시간 정도 끓여 양배추수를 만들어 먹는다. 단, 갑상선 기능이 정상이면 상관없지만 약간 저하된 상태에서 양배추를 많이 먹으면 갑상선 기능이 더 떨어지므로 주의할 것.

좋은 양배추 고르는 방법

크기가 비슷하더라도 들었을 때 묵직한 것, 반으로 잘랐을 때 속이 촘촘하게 꽉 찬 것, 양배추 심 길이가 전체 길이의 1/2 정도 올라온 것이 좋다. 심 길이가 2/3를 넘으면 꽃대가 솟으면서 쓴맛이 난다. 반으로 자른 양배추의 경우 자른 단면이 불룩 튀어나온 것은 자른 지 오래되었다는 뜻이므로 사지 말 것.

천연 국민 위장약 양배추보중수

양배추는 위장을 편하게 하고, 깻잎과 매실은 스트레스 해소에 효과적이다. 귤은 소화불량에, 다시마는 노폐물 배출에, 토마토와 양파는 혈액순환에 좋다.

1. 냄비에 적당한 크기로 썬 양배추 500g을 넣는다.
2. 잘게 썬 토마토 2개, 잘게 썬 양파 1개, 깻잎 3~4장, 가로·세로 5cm 크기의 다시마 2장을 냄비에 넣는다.
3. 물 2ℓ를 붓고 1시간 정도 끓인다.
4. 소금으로 간한 뒤 건더기를 체에 거르면 완성.
   Tip 체에 거른 보중수에 귤즙과 매실청을 섞어 마신다.

위를 튼튼하게 하는 양배추피클

1. 냄비에 물과 식초를 1,250ml씩 동량으로 붓는다.

2. 설탕 8큰술, 소금 1작은술을 냄비에 넣고 설탕이 녹을 때까지 끓인다.

   Tip 월계수 잎이나 통후추를 넣으면 맛이 더욱 좋아진다.

3. 저장 용기에 흰 양배추와 적양배추를 2 : 1 비율로 넣는다.

   Tip 진한 보랏빛 피클을 만들고 싶으면 적양배추만 넣는다.

4. 기호에 따라 양파와 청양고추를 넣는다.

5. 다 끓여 한 김 식힌 ②의 설탕물을 용기에 붓고 하루 정도 상온에 두었다가 냉장 보관한다.

청양고추가 들어가서 뒷맛이 칼칼하고 깔끔해요.

감기 특효약, 파

한방에서는 대파의 흰 부분인 '총백'을 감기 다스리는 약재로 사용하는데, 특히 으슬으슬 춥고 목이 아픈 초기 감기에 효능이 좋다. 총백에는 몸을 따뜻하게 하고 소

화를 촉진하는 유황 성분과 코를 뻥 뚫어주는 매운 아리아 성분이 들어 있다. 대파는 겉이 반짝반짝 윤기가 나고 눌렀을 때 탄력이 있는 것이 좋다. 또 푸른 잎 부분이 노랗게 변하지 않고 파란색을 유지하는 대파를 구입해야 한다. 대파를 손질할 때에는 수염 부분을 벌려 그 안의 볼록한 부분을 칫솔로 닦고 물기를 말린 다음 밀폐용기에 넣어 냉장 보관한다.

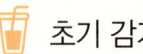 **초기 감기 잡는 총백물**

엿기름과 총백의 조합은 소화가 잘 안 되는 내인성 감기에 좋다. 엿기름이 속을 따뜻하게 해서 위와 장의 구미를 키워 소화가 잘되도록 돕는다.

1. 냄비에 적당량의 물을 넣는다.

2. 적당히 자른 총백 5~7개와 한 줌 정도의 엿기름을 넣고 팔팔 끓인다.

    Tip 엿기름을 끓는 물에 넣기 전, 찬물에 먼저 우리면 강한 보리 맛을 줄일 수 있다.

3. 약한 불에서 5~10분 정도 끓인 뒤 건더기를 걸러 물만 마신다.

 환절기 감기에 좋은 총백탕

초기 감기에 총백탕을 수시로 먹으면 좋다. 생강과 총백만 넣으면 각성 작용을 해 잠이 오지 않는 부작용이 있는데 대추가 이를 완화한다.

1. 물 600ml에 생강 3개와 대추 7~10개를 넣고 1시간 정도 끓인다.

    Tip 대추에 칼집을 내야 안에 들어 있는 진액이 잘 우러난다.

2. 총백 3~5개를 넣고 5~10분 정도 더 끓이면 완성.

생강 맛 나는
식혜 같아요.

생강 + 파 뿌리 + 대추 = 총백탕

코감기에 탁월한 총백훈증 요법

총백훈증 요법은 비염에 효과적이다. 알레르기 비염은 계절이 바뀔 때, 새벽에 활동할 때, 에어컨 같은 찬바람을 쐴 때 잘 생긴다. 이때 훈증 요법으로 코에 뜨거운 김을 쐬면 코의 온도가 올라가고 수분이 보충되어 알레르기 증상이 완화된다.

1. 주전자의 반이 차도록 물을 넣고 끓인다.

2. 물이 끓기 시작하면 말린 쑥을 넣는다.

3. ②에 총백을 넣고 끓인 뒤 주전자에서 나오는 뜨거운 김을 코에 쐰다.

> **Tip** 따뜻한 기운이 강한 쑥과 파가 코를 뚫어준다.

More Tip

훈증 요법을 더 효과적으로 하려면?

• 크고 넓은 그릇에 끓는 물을 넣고 뜨거운 김이 새어나가지 않도록 머리에 큰 수건을 덮고 쐰다.
• 뜨거운 물을 담은 머그잔에 페트병 윗부분을 잘라 엎으면 좁은 입구로 뜨거운 김이 집중된다.

성장호르몬을 분비하는 **쑥·콩·마**

몸속에서 분비되는 수많은 호르몬 중 가장 중요한 것은? 바로 성장호르몬이다. 성장기 아이들이 성장할 수 있도록 작용할 뿐만 아니라 성장이 멈춘 뒤에도 계속 분비되어 몸을 건강하고 젊게 유지해주기 때문이다. 단백질 합성을 도와주는 성장호르몬은 20세 이후로 10년마다 14.4%씩 감소한다. 이로 인해 살이 늘어지고 근력과 피부 탄력, 면역력이 약해지며 기억력과 집중력 저하 그리고 성기능 장애까지 겪게 된다. 나이를 먹는 것은 막을 수 없지만, 성장호르몬 분비를 늘려 건강과 젊음을 어느 정도 유지할 수는 있다. 이를 위해서는 무엇보다 식습관이 중요하다. 여러 채소 중에서 특히 단백질 함량이 높은 쑥, 콩, 마를 먹으면 성장호르몬 분비를 높일 수 있다.

비타민과 미네랄이 풍부한 쑥

쑥은 나물 중에서도 단백질을 많이 함유한 채소. 뿐만 아니라 몸에서 비타민 A로 변하는 베타카로틴과 비타민 C, 칼륨, 칼슘의 함량이 달래, 냉이, 봄동보다 훨씬 높다. 무엇보다 성장호르몬을 생성하는 비타민과 미네랄이 풍부하다. 한방에서는 쑥으로 뜸을 뜨는데, 쑥의 기운이 따뜻해서 혈액순환을 촉진하고 면역력을 높여주기 때문이다.

🍲 맛과 향이 풍부한 쑥전

1. 볼에 쑥 한 줌, 잘게 자른 대추 10개, 표고버섯 2개, 밀가루 3큰술을 넣는다.
2. 두부 1/2모를 ①에 넣고 잘 으깨가며 섞는다.

   Tip 두부를 넣으면 수분이 보충되어 물을 따로 넣을 필요가 없다.
3. 적당한 크기로 전을 부친 뒤 대추 고명을 올린다.

쑥 향이 가득해 전이 아니라 떡 같아요.

사시사철 활용 가능한 쑥가루 만들기

1. 끓는 물에 약간의 소금을 넣고 쑥을 살짝 데친다.

2. 데친 쑥을 채반에 널어 바람이 잘 통하는 그늘에서 말리거나 식품건조기에 넣어
   말린다.

3. 말린 쑥을 분쇄기에 넣고 간다.

 쑥가루로 밥하기

1. 전기밥솥에 씻은 쌀과 물 그리고 쑥가루 2큰술을 넣는다.

   Tip 기호에 따라 쑥가루의 양을 조절할 것.

2. 쑥가루와 쌀이 잘 섞이도록 저은 다음 밥을 짓는다.

   Tip 밥을 할 때 기름을 1~2방울 넣으면 쑥에 있는 베타카로틴의 흡수율을 높일 수 있다.

   Tip 쑥가루를 칼국수나 수제비 반죽할 때 넣거나 미숫가루에 타서 먹는다.

단백질이 가득한 콩

'밭에서 나는 소고기'라 불리는 콩의 단백질 함유량은 무려 30~40%나 된다. 단백질이 풍부하면서 육류와 달리 나쁜 지방은 함유하지 않아 많이 먹어도 포화지방 걱정 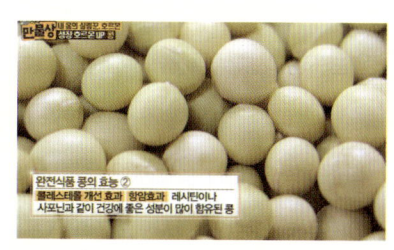 은 하지 않아도 된다. 또한 레시틴과 사포닌 성분이 호르몬 분비를 촉진하며 여성호르몬 역할을 하는 이소플라본이 풍부하여 갱년기 여성에게 좋다.

 ## 집에서 두유 만들기

시중에서 판매하는 두유는 많은 양의 설탕과 각종 첨가물을 함유하고 있다. 하지만 집에서 두유를 만들면 설탕과 첨가물 걱정 없이 맘껏 먹을 수 있다. 단, 콩 단백질을 생으로 먹으면 배가 아플 수 있으므로 반드시 콩을 삶아서 즙을 낸다.

1. 콩을 10시간 정도 불린 뒤 삶는다.
2. 콩이 끓어오르면 불을 줄였다가 거품이 가라앉으면 다시 한 번 끓여서 건져낸다.
3. 삶은 콩과 소량의 물을 믹서에 넣고 간 다음 체에 거른다.
4. 소금을 약간 넣어 간을 맞춘다.

> **Tip** 두유에는 우유보다 칼슘 함유량이 부족하기 때문에 멸치가루나 해조류가루를 섞어 마시면 더욱 좋다.

🥄 영양 듬뿍 고소한 콩죽 끓이기

1. 쌀에 물을 많이 넣고 죽처럼 끓인다.

2. 불린 콩을 믹서에 간다.

3. 믹서에 간 콩을 쌀이 있는 냄비에 넣고 끓이면 완성.

콩이 씹혀 더욱 고소해요.

🥄 건강한 간식 콩부침

1. 콩과 쌀을 10 : 1 비율로 섞은 다음 7~8시간 물에 불린다.

> **Tip** 식감이 좋은 대두를 사용하면 더욱 좋다.

2. 불린 콩과 쌀을 믹서에 간 다음 각종 채소와 섞은 뒤 프라이팬에서 부치면 완성.

소화까지 잘 되는 간식, 말린 청국장 콩

콩은 단백질을 많이 함유하고 있지만 소화가 잘 안 된다는 단점이 있다. 이를 보완하기 위해 청국장 콩을 반 정도 말려 먹는다. 살아 있는 유익균을 섭취할 수 있고 소화력도 높아진다. 또 발효되는 과정에서 생긴 새로운 효소가 혈액순환을 돕고 콜레스테롤 수치를 낮춘다.

아르기닌 성분이 넘쳐나는 마

마에는 성장호르몬 분비를 촉진하는 아르기닌이 풍부하다. 회춘 호르몬이라 불리는 DHEA의 원료가 되는 다이오스게닌 성분도 풍부한데, 이 성분은 기억력과 스태미나 증진에 도움을 준다. 마 특유의 끈적끈적한 점액질 성분은 뮤신. 단백질 생성을 도와주고 갱년기 증상을 개선해주는 효과가 있다. 소화 기능을 촉진하는 아밀라아제, 콜린, 미네랄도 함유하고 있어 위 건강에 좋다. 마의 종류는 수백 가지인데 그중 우리나라에서는 장마와 참마(단마)를 많이 기른다. 장마는 수분이 많고 부드러우며, 참마는 맛이 고소하고 뮤신을 많이 함유하고 있다.

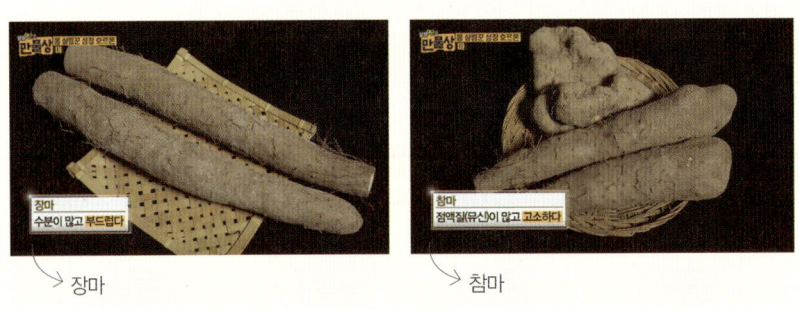

장마

참마

Point

마를 먹을 땐, 이렇게!

마의 뮤신 성분은 대부분의 사람에게 알레르기 반응을 일으킨다. 그러므로 마를 만진 뒤 손을 씻지 않고 눈이나 입, 목 주위를 만지지 않는다. 알레르기 반응이 생기면 물에 식초를 몇 방울 떨어뜨린 후 그 물로 씻어내면 된다. 속이 차거나 설사를 하는 사람은 마 섭취를 주의한다. 마를 생으로 먹으면 배탈이 나기 쉬우므로 생즙보다는 익혀서 먹는다.

 활력을 불어넣는 딸기 마잼

1. 참마를 믹서에 간 다음 냄비에 마와 설탕을 1 : 1 비율로 넣고 약한 불에서 끓인다.

   Tip 눌어붙어 타지 않도록 약한 불에서 저어줄 것.

2. 수분기가 날아가면 설탕 섞은 마와 딸기의 비율이 9 : 1이 되도록 딸기를 넣는다.

   Tip 향과 색만 날 정도로 딸기는 적게 넣는다.

마를 싫어하는 아이들도 잘 먹을 수 있겠네요.

 한 끼 식사로 딱! 마죽

1. 냄비에 쌀과 참기름을 넣고 흰죽을 끓인다.

2. 마지막에 마즙을 넣고 저어가면서 끓이다가 소금으로 간한다.

집에서 발견한 산삼, 도라지

도라지는 기침과 가래를 줄여주고 인두, 후두, 편도에 생긴 염증을 가라앉히는 약성 가득한 식재료. 예부터 '약방의 감초'라 불리며 약재로 많이 쓰였다. 상부에 답답하게 차 있는 기운을 풀어주어 화병을 다스리거나 젖멍울을 제거하는 데 효과적이다.

무엇보다 도라지에는 사포닌이 풍부하다. 혈관 벽의 찌꺼기와 노폐물을 제거하는 사포닌은 전립선암, 폐암, 유방암의 암세포 성장을 막고 암세포가 자연사할 수 있도록 유도한다.

Point

이럴 경우, 도라지 섭취를 주의하라!
- 마르고 열이 많은 사람 중에서 만성적으로 기침을 하거나 가래에 피가 섞여 나오는 경우
- 갈증이 많이 나고 얼굴이 상기되는 경우

약성과 맛을 한 번에! 배도라지청

도라지를 익히는 과정에서 유해 산소는 낮아지고 항산화 효과는 10배 이상 증가한다. 도라지는 조직이 단단해서 그 안의 유효 성분들이 뭉쳐져 있는데, 열을 받으면 흡수되기 쉬운 성분으로 변하기 때문이다. 완성된 배도라지청은 따뜻한 물에 타서 마시거나 빵에 발라 먹는다.

1. 껍질째 깨끗이 씻은 도라지를 적당한 크기로 썬다.

  Tip 껍질에 사포닌이 많으므로 절대 벗겨내지 말 것.

2. 배는 껍질과 씨를 제거해 적당한 크기로 썬다.

3. 믹서에 도라지와 배를 1:1 비율로 넣고 간 다음 냄비에 넣는다.

4. 도라지와 동량으로 준비한 꿀을 냄비에 조금만 넣고 잘 섞는다.

5. ④를 1시간 정도 숙성시킨 뒤 약한 불에서 졸인다.

6. 눌어붙지 않도록 젓다가 나머지 꿀을 조금씩 첨가해가며 10시간 정도 졸이면 완성.

처음엔 달콤한데 마지막에는 쌉쌀한 맛이 나네요.

🥄 일 년 내내 활용할 수 있는 도라지가루

도라지가루는 다양한 찌개와 각종 나물에 천연 조미료로 활용할 수 있다. 꿀에 넣어 잼처럼 먹어도 좋다. 꿀 500ml에 도라지가루 3큰술을 섞어 그냥 먹거나 빵에 발라 먹는다. 또 도라지는 소염 작용은 물론 배농 효과를 지니고 있어 화농성 여드름이 나서 아픈 부위에 꿀에 잰 도라지가루를 살짝 찍어 바르면 고름이 제거되고 진통이 완화되면서 상처가 치료된다.

1. 껍질째 깨끗이 씻은 도라지를 어슷썰기한다.

2. 도라지를 채반에 잘 펼쳐 햇볕에 바싹 말린다.

3. 말린 도라지를 믹서에 넣고 곱게 간다.

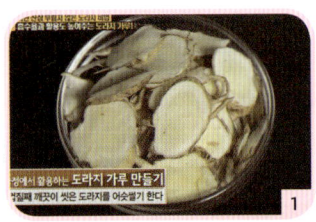

한 알의 기적, 대추

몸에 따뜻한 기운이 필요할 때는 대추가 제격. 따뜻한 성질을 가지고 있으며 폴리페놀과 플라보노이드 등의 항산화 성분을 함유하고 있다. 대추씨에 독 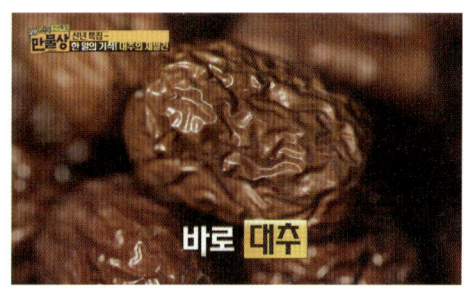 성이 있다는 얘기가 있지만, 사실이 아니다. 오히려 과육보다 대추씨에 항산화 성분이 많이 들어 있다. 또 폐를 촉촉하게 하며 혈액순환을 원활히 해 준다.

Point

좋은 대추 고르는 법

통통하면서 가볍고 잘 마른 대추가 좋은 대추다. 가벼운 대추에는 수분이 적고, 당분이 많다.
반면 손으로 눌렀을 때 푹 꺼지는 대추는 구입하지 않는다.

🥄 약이 되는 대추고

대추고를 한 번에 많이 만들어서 얼린 다음 하나씩 꺼내 다양한 요리에 활용하면 간편하다. 식혜, 양갱, 단자, 떡을 만들 때 사용하거나 멸치볶음에 설탕 대신 넣어도 좋다.

1. 냄비에 깨끗이 씻은 대추와 물을 넣고 끓인다.

2. 물이 팔팔 끓으면 불을 줄이고 끓이다가 물이 졸아들면 뜨거운 물을 보충해 저어가면서 계속 끓인다. 씨와 과육이 분리될 때까지 3~4일 정도 끓인다.

   Tip 하루 종일 끓일 필요 없이 틈날 때마다 끓인다.

3. 푹 끓인 대추를 체에 걸러 씨와 과육을 분리한다.

   Tip 단단한 씨에 찔릴 수 있으니 공 굴리듯이 대추를 달래며 으깬다.

4. 체에 내린 대추 과육을 1~2일 정도 약한 불로 계속 졸이면 완성.

뜨거운 물을 부어 차로 마시니까 쌍화탕 같은 맛이 나네요.

🍯 추위 이기는 겨울 보약 대추정향탕

대추, 생강가루, 정향, 계피 모두 따뜻한 성질을
갖고 있어 손발과 아랫배가 차고 딸꾹질을 자주
하며 혈액순환이 잘되지 않는 사람에게 좋다. 또
추운 날씨로 인해 생기는 복통, 구토, 오한, 허리
통증, 무릎 시림 등에 효과적이다. 대추정향탕은
냉장고에서 한 달까지 보관할 수 있으며, 덜어낼 때는 쇠 수저 대신 나무 수저나 은
수저를 사용한다.

1. 정향과 계피를 물에 넣고 40분 정도 끓인 뒤 대추고에 붓는다.

   Tip 정향은 인도네시아가 원산지인 향신료로 꽃봉오리를 사용하며 달콤한 맛이 난다. 상기된
   기운을 밑으로 내리는 역할을 하기 때문에 구역감, 헛구역질, 딸꾹질 등에 효과적이다.

2. ①이 고처럼 되직해지면 말린 생강가루를 적당량 넣는다.

   Tip 대추의 습한 성질을 말린 생강가루가 잡아준다.

3. ②가 걸쭉해지면 꿀을 넣고 잠깐 끓인 뒤 불을 끈다.

계피와 생강가루가
대추의 쓴쓸한 맛을
완전히 없애줬어요.

바다의 제왕, 다시마

다시마는 뼈 건강에 정말 좋은 식재료로 칼슘이 우유보다 13배나 많다. 뿐만 아니라 칼슘의 활동을 돕는 마그네슘도 풍부하다. 주로 육수를 내는 데 사용하는데, 여기에서는 다시마를 색다르게 활용하여 매일 꾸준히 먹을 수 있는 방법을 소개한다.

 씹어 먹는 칼슘 덩어리 다시마다식

1. 식초 600ml에 황설탕 650~700g(1 : 1 비율)을 넣고 잘 녹인다.

2. 적당하게 자른 다시마를 설탕을 녹인 식초에 넣고 2~3일간 시원한 곳에 보관하면 다시마식초가 완성된다.

3. 다시마식초에서 다시마를 꺼내 찜기에서 2~3시간 푹 찐다.

4. 찐 다시마가 꾸덕꾸덕해질 때까지 햇볕에 30분 정도 말리면 완성.

다시마의 글루탐산 때문에 약간 아린 맛이 나요.

 ## 몸을 윤택하게 하는 다시마우유차

다시마우유차는 보음 효과를 높여 몸이 마르지 않고 윤택하게 해준다. 즉, 피부가 촉촉해지고 머리카락에 윤기가 나면서 배변 활동이 원활해진다. 특히 항노화와 면역 안정 작용을 해서 노인들에게 좋다.

1. 우유를 졸인다.

> **Tip** 우유를 졸일 때 끓어 넘치면 비린내가 나므로 주의할 것.

2. 우유에 적당히 자른 다시마를 10분 정도 담가둔다.

3. 우유에서 건진 다시마를 햇볕에 널어 30분 정도 말린다.

4. 말린 다시마를 찜기에서 3~4시간 푹 찐 다음 다시 30분간 말린다.

5. 말린 다시마를 프라이팬에 넣고 약한 불에서 덖은 뒤 따뜻한 물에 우려 마신다.

 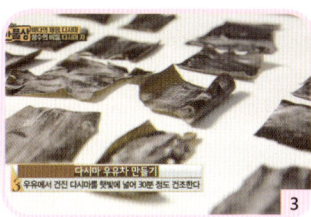 

갑상선 질환을 예방하는 다시마식초 초란

1. 식초 800ml에 표고버섯 5g, 다시마 10g을 넣고 3~4일 정도 우려 다시마식초를 만든다.

2. 달걀 껍데기를 깨끗이 씻고 안쪽의 막을 제거한다.

3. 깨끗이 손질한 달걀 껍데기 13개를 투명 용기에 담는다.

4. 투명 용기에 다시마식초를 붓는다.

   Tip 다시마식초는 용기의 80% 정도만 부어줄 것.

5. 7~10일 정도 어둡고 시원한 곳에서 숙성시키면 완성. 껍데기가 거의 녹아 있으면 체에 걸러 먹는다.

   Tip 10~20ml 정도의 다시마식초 초란에 5~6배 정도의 물을 희석해 마신다.

잡곡의 기적, 보리·흑미·귀리

예전에는 천대받던 잡곡이 요즘에는 그 효능이 알려지면서 건강식품으로 대접받고 있다. 잡곡의 가장 큰 효능은 풍부하게 들어있는 항산화 물질이 성인병과 암

을 예방해준다는 것. 뿐만 아니라 비타민과 미네랄이 풍부해서 몸의 저항력과 면역력을 높인다. 잡곡의 식이섬유는 장운동을 활발하게 해서 변비를 해결해주고 중금속 등의 노폐물을 배출시킨다. 여기에서는 다양한 잡곡 중에서 보리, 흑미, 귀리를 소개한다. 지금까지 맛보다는 건강 때문에 잡곡밥을 먹었다면 이제 잡곡밥을 맛있게 즐기는 방법에 대해 알아보자.

Point

잡곡은 백미와 따로 보관하자!

잡곡밥을 지을 때 편하려고 잡곡과 백미를 한데 섞어놓는데, 반드시 따로 밀폐용기에 보관해야 한다. 잡곡에는 수분이 많아서 백미와 함께 보관하면 벌레가 쉽게 생기기 때문이다.

장 건강 지키는 보리

한의학에 따르면 보리, 즉 대맥을 먹으면 기력이 생기고 몸이 건강해진다. 장기간 복용하면 피부가 윤택하고 부드러워진다. 소화를 돕고 이뇨 작용을 해 부종을 빼는 데에도 효과적인 보리는 혈당을 조절하기 때문에 당뇨 환자에게 특히 좋다. 또한 보리의 알란토인 성분은 화농이나 궤양 치료에 탁월해 예전에는 보릿가루를 피부 질환 치료에 자주 사용했다.

보리의 종류에는 겉보리, 쌀보리, 찰보리가 있다. 겉보리는 도정하지 않은 상태로 보리차나 엿기름을 만드는 데 사용한다. 밀보리라고도 불리는 쌀보리는 겉보리를 도정한 것으로 꽁보리밥을 지을 때 넣는다. 쌀보리를 개량해서 끈기를 준 것이 찰보리로, 밥맛이 좋고 배부름이 오래간다.

More Tip

보리밥을 먹으면 방귀가 많이 나오는 이유는?

보리에는 쌀에 비해 식이섬유가 5배 이상 많다. 따라서 식이섬유가 장운동을 촉진해 가스를 많이 배출시킨다. 또 보리는 베타글루칸을 비롯한 다당체를 함유하고 있는데, 식이섬유의 일종인 다당체는 물과 섞여 점도가 높아지면 장에서 발효가 급격히 진행되어 가스를 많이 만들어낸다.

☕ 명품 보리차 만들기

보리차는 소화를 도와 체기를 없애고 입맛을 돋운다. 설사로 인한 탈수를 예방하고 설사를 완화한다. 따라서 감기에 걸렸을 때 보리차를 마시면 원기가 회복된다. 열이 많을 때는 차갑게, 오한이 날 때는 따뜻하게 보리차를 복용한다.

1. 겉보리를 씻어 프라이팬에 넣는다.

2. 겉보리가 거뭇해질 정도로 덖어 수분을 완전히 날린다.

    Tip 보리가 약간 타면 탄소가 생겨 수돗물에 들어 있는 중금속을 흡착한다. 따라서 보리차를 우려낸 뒤 보리는 버릴 것.

3. 냄비에 덖은 겉보리와 물을 넣고 센 불에서 끓이다가 끓어오르면 중불로 줄인다.

4. ③에 소금을 약간 넣고 10~15분 정도 더 끓인다.

    Tip 소금을 넣으면 향이 좋아지고 미네랄이 흡수되어 건강에 좋다. 소금은 물 1ℓ에 1/3작은술 정도로 넣을 것. 끓이는 시간은 10~15분 정도가 적당하다. 약한 불로 오래 끓이면 보리에 함유된 탄수화물이 농축되어 맛이 무겁고 텁텁해지며 빨리 쉰다.

🥄 장 건강 특효약 보리밥

1. 쌀보리를 여러 번 씻은 뒤 보리 양의 3~4배의 물을 붓고 보리가 통통해질 때까지 푹 삶는다.

2. 쌀보리 삶은 물과 쌀보리를 준비한 솥에 그대로 붓고 불린 백미와 찰보리를 함께 넣는다.

   Tip 쌀보리는 백미보다 소화가 잘되지 않아 미리 삶고, 찰보리는 소화가 잘되므로 삶지 않고 불리기만 한다. 쌀보리, 찰보리, 백미의 비율은 원하는 대로 조절할 것.

3. 찰보리를 불렸을 때 나온 물로 밥물을 맞춘다.

4. 뚜껑을 덮고 센 불에서 바글바글 끓인다.

5. 밥물이 끓으면 중불-약한 불-뜸 들이는 순으로 불을 조절하고 7~10분 정도 지나면 주걱으로 밥을 풀어준다.

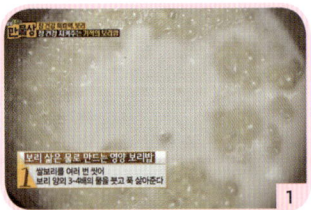

More Tip

가마솥 구입 요령

밥물이 끓어 넘치는 것을 고려하여 필요한 크기보다 좀 더 큰 사이즈로 구입한다. 3~4인분의 밥을 지으려면 5~6인분 크기의 가마솥을 선택할 것.

당뇨에 좋은 흑미

식이섬유와 베타글루칸이 풍부한 흑미는 당을 흡수해서 혈당이 급격히 올라가는 것을 방지한다. 특히 베타글루칸은 인슐린의 민감도를 높여 당뇨에 특히 좋다. 흑미의

검은 미강에는 안토시아닌이 풍부해서 뇌졸중과 심장마비를 예방해준다. 또 강력한 항산화제 감마오리자놀이 백미보다 5~6배 더 많이 들어 있어 예민하고 초조하며 잠이 오지 않는 폐경 증상을 완화해준다.

 구수한 맛이 일품인 흑미차

1. 물에 씻은 흑미를 물기가 있는 채로 프라이팬에 넣어 덖는다.

2. 센 불에서 덖어 물기와 수증기가 사라지면 약한 불로 줄인다.

3. 흑미의 반 정도가 팝콘처럼 터지면 불을 끈다.

4. 흑미와 끓는 물을 1 : 8의 비율로 섞어 5분간 우린다.

5. 우린 흑미차를 체에 걸러 따뜻한 상태에서 마신다.

🥄 당뇨 잡는 흑미밥

1. 7 : 3 비율로 준비한 흑미와 검은콩을 씻는다.

2. 밥솥에 흑미와 검은콩을 넣고 물을 부은 뒤 흑미밥 1인분당 죽염을 1/3작은술 넣고 하루 정도 불린다.

> **Tip** 물의 양은 백미로 밥할 때보다 많이 넣는다.

3. ②로 밥을 짓는다.

4. 다 지은 흑미밥에 1인분당 들기름 0.5~1큰술을 넣는다.

> **Tip** 반드시 밥을 다 지은 뒤에 들기름을 넣는다. 마지막에 들기름을 넣으면 향이 좋아지고 들기름의 오메가 3 지방산이 혈압을 낮춰준다.

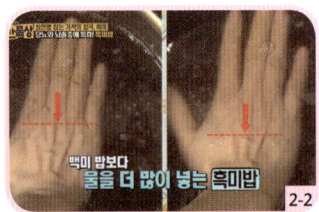

흑미 보관법

물기가 없는 페트병에 흑미를 가득 담고 젓가락으로 찔러 공기층을 없앤다. 집에서 가장 선선한 곳에 두면 오랜 기간 보관할 수 있다. 단, 날이 더워지면 냉장고에 넣어 보관할 것.

More Tip

🥄 흑미가루로 만드는 흑미부꾸미

1. 흑미를 씻은 다음 바싹 말려서 믹서에 갈아 가루로 만든다.

2. 흑미가루에 물을 부어가며 질게 반죽한다.

> **Tip** 되직하게 반죽하면 나중에 딱딱해서 먹기 힘들다. 죽처럼 흘러내릴 정도로 묽게 반죽할 것.

3. 반죽에 죽염 1큰술을 넣는다.

> **Tip** 천일염보다는 구운 소금이 좋다.

4. 숟가락으로 반죽을 떠서 기름 두른 프라이팬에 올린다.

5. 부꾸미를 지지면서 부꾸미 위에 참나물 잎을 올린다.

6. 완성된 부꾸미에 들기름을 발라 풍미를 더한다.

겉은 바삭하고 안은 쫄깃하네요.

콜레스테롤을 낮추는 귀리

귀리는 미국 타임지에서 선정한 세계 10대 슈퍼푸드이자 세계보건기구 WHO에서 발표한 장수국가의 대표 식품이다. 동물의 사료로 쓰일 만큼 천대받았던 귀리는 불포화지방산을 많이 함유해서 콜레스테롤과 혈압을 낮춰준다. 귀리에 풍부한 베타글루칸은 콜레스테롤을 함유한 담즙산을 흡착해 변으로 배출시킨다. 또한 귀리에는 비타민 C와 E가 많아 항산화와 노화 예방에 효과가 있으며, 귀리에서 추출한 아베난스라미드 성분은 소염 작용이 강해 피부염 치료에도 탁월하다. 반면 귀리의 단점은 입자가 거칠어서 많이 씹지 않으면 소화가 잘되지 않는다는 것. 따라서 소화력이 떨어지는 아이나 노인은 귀리에 열을 가해 납작하게 눌러서 만든 오트밀을 먹는 것이 좋다.

 아침 대용으로 좋은 귀리죽

1. 생귀리를 찐 뒤 수분이 날아가도록 말린 다음 믹서에 갈아 가루로 만든다.

2. 귀리가루에 물을 넣어 잘 푼다.

3. 잘게 자른 당근과 표고버섯을 기름에 각각 볶는다.

4. 끓는 물에 볶은 당근과 표고버섯, 천일염, 물에 푼 귀리가루를 넣는다.

5. ④가 끓기 시작하면 다진 파를 넣는다.

밥만큼 든든한 귀리미숫가루

1. 생귀리를 찐 뒤 수분이 날아가도록 말린다.

2. 말린 귀리를 프라이팬에 넣고 덖는다.

3. 톡톡 튀는 소리가 날 때까지 덖은 다음 믹서에 갈아 가루를 낸다.

4. 우유와 귀리가루를 10 : 2~3 비율로 섞어 마신다.

천연 자양강장제, 건어물

건어물에서 가장 주목해야 할 성분은 타우린. 피로 회복과 두뇌 발달에 매우 좋은 성분으로 특히 4~5세 아이들의 두뇌 발달에 반드시 필요하다.

술안주는 물론 밑반찬으로도 인기 있는 건어물은 최고의 단백질 공급원이다. 말리는 과정에서 단백질이 80% 이상 농축되어 소량만으로도 많은 양의 단백질을 공급해준다. 게다가 건어물의 단백질에는 불포화지방산이 풍부해 콜레스테롤 걱정 없이 먹을 수 있다.

건어물은 감칠맛이 뛰어나 천연 조미료로 자주 활용된다. 생물을 말리는 과정에서 감칠맛을 내는 아미노산 등의 성분이 많이 만들어지기 때문이다. 일본에서 국물 맛을 내는 데 주로 사용하는 가쓰오부시(가다랑어포)나 다시마가 대표적. 여기에서는 우리나라 사람들이 많이 먹는 건어물 중 맛과 영양 면에서 모두 훌륭한 황태와 미역을 소개한다.

최고의 건어물, 황태

우리나라에서 명태만큼 다양한 방식으로 가공해 먹는 생선은 없다. 가공 방식에 따라 명칭도 다른데 명태 말린 것을 북어, 얼린 것을 동태, 얼려서 말린 것을 황태라고 부른다. 이 중 맛과 영양 면에서 최고로 꼽히는 것은 황태. 북어는 더운 곳에서 그냥 말려 부피가 줄고 식감도 질기면서 딱딱한데, 황태는 얼었다 녹는 과정을 반복하면서 건조되기 때문에 원래의 부피를 거의 그대로 유지하며 질감이 부드럽고 영양소가 풍부하다. 일반적으로 황태는 12월 중순부터 3월 말까지 3개월간 자연 건조한다. 이 과정에서 단백질이 8배 많아지며 맛은 구수해진다.

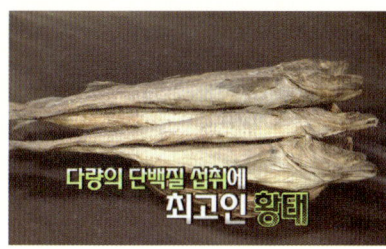 

황태, 이럴 때 좋다!

- 근육을 만들 때 닭가슴살보다 좋다.
- 닭가슴살의 단백질 함유량은 19%인데 반해 황태의 단백질 함유량은 80%. 대표적인 고단백, 저칼로리 식품으로 다이어트에 좋다. 또한 황태의 풍부한 단백질이 근육을 강화해주므로 관절염에도 도움을 준다.
- 침을 맞은 뒤 체력 저하, 기운 쇠약, 어지럼증 등의 반응이 나타날 때 황태국을 먹으면 기력을 회복할 수 있다. 수족냉증과 아랫배가 찬 증상에도 효과적이다.

- 피부 알레르기 증상에는 황태 달인 물이 좋다.
- 황태의 펩타이드 성분은 항산화 작용이 뛰어나다. 혈관을 확장시켜 혈압을 낮추고 혈액순환을 촉진해 암세포의 증식을 억제한다. 따라서 암 환자는 육류보다 황태로 단백질을 섭취하고 국물 요리를 먹고 싶을 때는 황태국을 먹는다.

좋은 황태 고르는 법 & 보관법

- 색은 황금색, 결이 선명하고 살이 통통한 것을 선택한다.

- 손가락으로 눌렀을 때 살이 도톰하고 부드러우며 쿠션처럼 푹신푹신하게 잘 눌리는 것을 고른다. 중국에서 말린 황태는 딱딱하고 얇아 툭 부러지지만 우리나라에서 건조한 황태는 살결이 그대로 살아 있다. 따라서 포장지 라벨을 보고 국내 건조 제품인지 반드시 확인한다.

- 길이보다는 두께와 무게를 따져보고 구입한다.
- 황태채는 포장된 제품을 구입한다. 규격 포장지에 담겨 있고 원산지와 유통기한 등의 정보를 알수 있는 제품이 안전하다.

- 황태는 직사광선이 없고 서늘하며 습기가 없는 곳에 보관한다. 냉장고에 넣어두면 냄새를 다 흡수하기 때문에 좋지 않다.

🥘 사골국처럼 국물이 뽀얀 황태국 끓이기

1. 먹기 좋게 찢은 황태에 소량의 물을 부어 불린다.

> `Tip` 황태를 물에 잠기도록 담가두면 아미노산과 수용성 비타민이 다 빠져나가므로 소량의 물에 약 1분만 적신다.

2. 불을 켜지 않은 냄비에 참기름을 두른다.

3. 물기를 꼭 짠 황태를 냄비에 넣고 참기름에 버무린다.

> `Tip` 달궈진 냄비에 부드러운 황태를 그대로 볶으면 살이 눌어붙어 국물이 지저분하고 성분이 제대로 우러나지 않는다. 그러므로 참기름에 코팅한 다음 볶아야 한다.

4. 중불에서 황태를 볶는다.

5. 황태가 줄어들 때까지 볶은 뒤 센 불로 올리고 물 1+1/2컵을 붓는다.

6. 뽀얀 국물이 우러나면 황태의 3배가 되는 물을 넣고 끓인다.

> `Tip` 매운맛을 내고 싶으면 국물이 뽀얗게 우러날 때 고추를 넣는다.

7. 다진 마늘을 1~2큰술 넣는다.

> `Tip` 위로 뜬 기름과 거품을 걷어내면 더 깔끔한 국을 만들 수 있다.

8. 국간장으로 간을 맞추고 파와 홍고추를 넣는다.

땀이 쭉 나면서 몸이 개운해지네요. 보약 한 사발을 먹은 것 같아요.

여성에게 특히 좋은 미역

미역에는 바닷물보다 요오드가
2,000배 이상 농축되어 있어 여성
에게 잘 발생하는 갑상선 질환 치
료에 탁월하다. 또 우유보다 더 많
은 칼슘이 들어 있다. 미역의 미끈

한 성분인 알긴산은 변비와 치질을 예방해주며 몸속의 콜레스테롤, 중금속,
발암물질 등을 흡착해 배출시킨다.

좋은 미역 고르기

양식보다는 자연산 미역에 다양한 미네랄과 철분, 칼슘이 더 많이 함유되어
있다. 자연산 미역을 그대로 건조한 판미역은 구멍이 거의 없고 조직이 빽빽
하다. 중간중간 하얗게 보이는 부분은 염분으로, 하얀 부분이 적은 미역을 구
입해야 한다. 또 손으로 잘랐을 때 바삭한 소리가 나는 미역이 좋다. 냄새를
맡았을 때 향이 너무 진하면 수분이 많은 것이므로 선택하지 말 것.

미역 세척하기 & 불리기

자연산 미역은 거품이 날 정도로
강하게, 꼼꼼히 문질러 씻어야 한
다. 그래야 미역 특유의 냄새와 미
끈거림, 이물질을 제거할 수 있다.
반면 잘라서 나오는 미역은 이미

세척을 거쳐 만들어졌기 때문에 물에 불리면 그나마 남아 있는 영양소마저
손실되므로 세척과 불리는 과정 없이 바로 사용한다. 일반 양식 미역은 찬물
에 30분 정도 불린 후 사용한다.

미역보다 많은 알긴산을 함유한 미역귀

More
Tip

미역귀는 바위에 붙어 있는 미역의 뿌리 부분. 수분 함량이 낮
아 꼬들꼬들하다. 영양 성분을 많이 함유하는데 특히 암을 예
방하는 후코이단이 풍부하다. 하지만 이러한 좋은 성분은 일
반적인 요리로 100% 녹여내기 어렵기 때문에 미역귀는 갈아
서 사용하는 것이 좋다.

🍲 미역국 맛있게 끓이기

미역국은 오래 끓일수록 미역의 세포 조직이 파괴되어 좋은 영양과 맛 성분이 우러난다. 이때 조직이 단단한 판미역을 사용해야 식감이 흐물흐물하지 않은 미역국을 끓일 수 있다.

1. 불을 켜지 않은 상태에서 냄비에 참기름과 불린 미역을 넣고 섞는다.

   Tip 미역은 찬물에 불려야 한다. 미지근한 물이나 뜨거운 물에 불리면 알긴산이 빨리 빠져나온다.

2. 불을 켜고 미역 향이 날 때까지 충분히 볶는다.

3. 미역의 3배 정도 되는 물을 넣고 끓인다.

   Tip 끓으면서 생기는 초록색 거품을 걷어내면 훨씬 더 깔끔한 국물을 만들 수 있다.

4. 미역국이 충분히 끓으면 소금으로 간한다.

5. 불을 끄기 직전에 액젓 1~2방울을 넣어 감칠맛을 낸다.

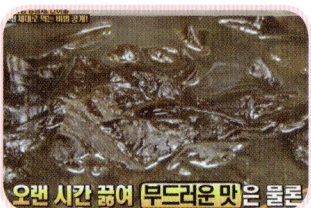

내 몸 살리는 기름

보통 지방(기름기)을 줄여야 한 다고 말하지만, 사실 지방은 우 리 몸에서 매우 중요한 역할을 한다. 몸의 약 20%를 차지하는 지방은 체온을 유지해주고 세포

를 정상적으로 움직이게 하며 외부 충격으로부터 장기를 보호한다. 또 건강 한 지방세포는 염증과 암을 예방하는 아디포넥틴을 분비하기도 한다. 지방 은 동물성과 식물성으로 나뉘고 이 두 가지 모두 우리 몸에 필요하다. 동물성 지방은 몸에서 생성되기도 하지만 식물성 지방은 음식을 통해서만 섭취할 수 있으므로 동물성 지방은 줄이고 식물성 지방을 많이 섭취해야 한다. 예를 들 면 요리에 버터나 마가린을 사용하는 대신 식물성 기름을 사용하는 식.

식물성 기름에는 해바라기유, 콩기름, 참기름, 포도씨유, 올리브기름, 옥수수 유, 동백기름 등 다양한 종류가 있다. 이 중에서 요즘 가장 각광받는 들기름, 올리브기름, 동백기름을 소개한다.

오메가 3가 풍부한 들기름

오메가 3의 중요성이 대두되면서
주목받는 것이 바로 들기름이다.
대부분의 식물성 기름에는 염증
반응을 일으키는 오메가 6가 많은
데 들기름에는 혈관의 염증을 치

료하는 오메가 3가 많다. 즉, 고소한 향기 풀풀 풍기는 들기름만 잘 먹어도
오메가 3를 충분히 섭취할 수 있다.

보통 시중에서 판매하는 짙은 색의 들기름은 들깨를 오래 볶아 짜낸 것으로
향과 색은 강하지만, 영양 성분은 많이 파괴된 상태다. 들깨를 오래 볶으면
벤조피렌이라는 발암물질이 생기는데 들기름에도 이 물질이 섞이게 되는 것.
가장 건강한 들기름은 들깨를 깨끗이 씻어 건조한 다음 저온 압착한 생들기
름이다. 색이 맑은 생들기름에는 몸에 좋은 오메가 3가 풍부하다.

똑똑하게 들기름 보관하기

식용유와 참기름의 유통기한은 2년인데, 들기름의 유통기한은 1년이다. 들기
름의 산패를 최대한 줄이려면 큰 병에 담겨 있는 들기름을 열탕 소독한 작은

갈색병에 나눠 담고 냉장 보관하
면서 하나씩 꺼내 사용한다. 들기
름을 병에 담을 때에는 1/4 정도의
공간을 비우고 참기름을 넣을 것.
참기름에 들어 있는 세사몰이 보

관 기간을 늘려준다. 들기름은 사용한 다음 바로 냉장고에 넣는다.

잠깐! 들기름을 요리에 활용하려면?

들기름은 발연점이 낮으므로 가열하지 않는 음식에 사용하는 것이 가장 좋다. 들기름을 가열하면 영양소가 파괴될 뿐만 아니라 아크롤레인이라는 발암 물질이 나온다. 단, 수분이 많은 재료를 볶을 때는 수분이 발연점을 높이기 때문에 사용해도 된다. 들기름에 식용유를 섞어 사용하는 것도 하나의 방법. 식용유가 발연점을 높여 들기름이 타지 않게 한다.

 들기름으로 고사리나물 볶기

1. 하루 동안 불린 고사리를 건져내 삶는다.

2. 다진 마늘과 조선간장을 넣고 조물조물 무친다.

3. 생들기름을 프라이팬에 넉넉히 두른다.

4. 양념한 고사리를 넣고 살짝 볶는다.

　　Tip 이때 약간의 물을 넣어주면 고사리가 더 부드러워지고 들기름의 발연점도 낮춘다.

5. 취향에 따라 마지막에 들기름을 살짝 두른다.

아무리 먹어도 느끼하지 않아요.

오메가 3와 해조류를 한 번에! 들기름 생청국장

1. 생청국장 1큰술에 따뜻한 밥을 적당량 넣는다.

2. ①에 생들기름 1큰술과 조선간장을 약간 넣는다.

3. 잘 섞은 다음 생김에 싸서 먹는다.

청국장의 향과 김의 파릇함이 동시에 느껴져요.

 ## 소화 흡수 잘되는 들기름 토마토주스

1. 토마토는 십자 모양으로 칼집을 낸 뒤 끓는 물에 5~7분 정도 살짝 데쳐 껍질을 벗긴다.

2. 믹서에 껍질을 벗긴 토마토와 들기름을 약간 넣고 갈면 완성.

192

변비에 좋은 올리브기름

좋은 기름의 최고봉인 올리브기름
은 포만감을 일으키는 올레산이
풍부하다. 따라서 올리브기름을
식전에 먹으면 식욕을 줄일 수 있
다. 보통 식욕이 줄면 변비가 생기
기 마련인데 올리브기름은 배변 활동을 원활하게 해준다. 올리브기름을 일정
한 시간에 매일 한 숟가락씩 먹으면 만성 변비도 고칠 수 있을 정도.
올리브기름에는 여러 종류가 있다. 그중에서 가장 좋은 것이 냉압착 방식으
로 짜낸 엑스트라 버진 올리브기름. 엑스트라 버진에는 올레산과 함께 폴리
페놀 같은 항산화 물질이 풍부하다. 발연점이 낮은 단점이 있는데, 이를 보완
하려고 정제해서 만든 것이 바로 퓨어 올리브기름이다. 퓨어는 튀김용으로도
사용할 수 있을 정도로 발연점이 높다.

More Tip

오일풀링이란?

오일을 이용해 입안의 독소를 제거하는 건강법. 공복에 식물성 기름을 입안에 20분간 물고 있다가
뱉으면 입안의 세균이 기름에 섞여 나온다. 단, 주의할 점은 사례에 잘 걸리는 사람이나 중풍과 치
매로 인해 삼킴 장애가 있는 사람은 오일풀링을 절대 해서는 안 된다. 사례에 걸려 오일 속 세균이
기관지에 들어가면 흡입성 폐렴에 걸릴 수 있기 때문이다.

간 해독과 장 청소에 좋은 올리브기름주스

1. 컵에 올리브기름 90ml를 넣는다.

2. ①에 오렌지 주스 90ml를 넣고 섞어 마신다.

3. 30분 정도 가만히 누워 있다가 생수 1.5~2ℓ에 죽염을 약간 섞은 물을 10분 간격으로 마신다.

> **Tip** 식사 후 3시간 정도 지나 소화가 다 되었을 때 또는 공복에 마셔야 한다. 마시고 나서 30분 정도 가만히 누워 있는 것은 담즙의 분비를 활발히 하기 위해서다. 많은 양의 담즙이 분비돼야 담관의 노폐물과 담석 조각이 밖으로 배출된다. 이 방법은 간과 장이 좋지 않을 때 한 달에 한두 번 정도 하면 효과를 볼 수 있다.

 ## 올리브기름으로 현미밥 짓기

현미밥을 지을 때 올리브기름을 두세 방울 떨어뜨리면 현미의 거친 식감이 부드러워지고 특유의 향이 중화된다.

뛰어난 보습제 동백기름

동백기름은 동백꽃 씨앗에서 짜낸 기름으로 '동양의 올리브기름'이라 불린다. 올리브기름보다 더 많은 올레산을 함유하고 있으며 오메가 6는 물론 오메가 9도 풍부하다.

피부 진정과 보습, 콜라겐 합성과 콜라겐 감소 방지, 주름살 예방에 효과적이다. 또한 오메가 9은 위산 분비를 억제하고 콜레스테롤 낮추며 변비를 치료한다. 발연점이 252℃로 튀김용으로 사용할 수 있다.

 동백기름 약으로 먹는 법

1. 사기그릇에 동백기름 1큰술과 물 2큰술을 넣는다.

2. 달걀 풀듯이 여러 번 쳐서 잘 섞는다.

> **Tip** 기름과 물은 여러 번 쳐도 섞이지 않지만, 이 과정을 통해 입자가 잘게 쪼개져 맛이 부드러워지고 소화·흡수가 잘된다. 기관지 질환, 천식, 기침, 역류성 식도염에 좋다.

3. 꿀을 약간 첨가해 먹는다.

해독의 명약

천연 항생제, 민들레

피부 염증의 명약, 어성초

갱년기 해독 비법 된장수 & 간장수

몸속 노폐물 대청소, 콩가루

오염된 환경이나 음식물, 스트레스를 통해 몸속에 독소와 노폐물이 쌓인다. 이 노폐물을 바로 빼주지 않으면 만병의 근원이 된다. 몸에 해독제가 필요한 이유다. 이 챕터에서는 주변에서 흔히 볼 수 있지만 효과는 만병통치약 못지않은 천연 해독제를 소개한다.

천연 항생제, 민들레

아파트 단지 풀밭에서도 쉽게 볼 수 있는 노란 민들레는 서양 종이며 꽃잎이 하얀색이 토종이다. 하얀 민들레는 번식이 잘 되지 않아 노란 민들레보다 3~4배  정도 늦게 성장한다. 하지만 비타민, 무기질, 미네랄을 더 풍부하게 함유하고 있어 약으로 사용된다. 하얀 민들레의 영양 성분은 부위별로 다른데 뿌리에는 간 기능 개선에 좋은 콜린이, 잎에는 항암 작용을 하는 실리마린이, 꽃에는 시력을 보호해주는 루테인이 들어 있다. 따라서 민들레는 뿌리부터 꽃까지 전체를 먹는 것이 가장 좋다. 한의학에 의하면 민들레는 기운이 서늘하고 맛은 달면서 쓴 풀로, 식독과 체기를 풀어주고 몸의 뭉친 기운이나 덩어리, 즉 염증과 굳어진 조직을 풀어준다.

만능 해독 음료 생민들레 녹즙

1. 생민들레의 꽃잎, 잎, 뿌리까지 모두 믹서에 넣는다.

2. 약간의 물을 넣고 갈면 완성.

    Tip 사과, 바나나 등과 섞으면 더 맛있게 먹을 수 있다.

촉촉하고 부드러운 민들레밥

민들레는 체기를 내려주고 소화를 돕는다. 민들레밥 외에도 민들레쌈, 민들레겉절이를 만들어 먹으면 여름철에 뚝 떨어진 입맛과 기력을 회복할 수 있다.

1. 불린 쌀을 깨끗이 씻어 밥솥에 넣는다.

2. 쌀 위에 살짝 데친 민들레를 얹고 일반 밥하듯이 한다.

    Tip 표고버섯이나 단호박 등을 같이 넣어도 좋다.

민들레 특유의 쌉싸래한 맛이 상큼해요.

피부 염증의 명약, 어성초

잎 가장자리에 붉은빛이 도는 어성초는 육지에서 나는 풀임에도 신기하게 비린내가 난다. 비린내는 데카노일아세트알데히드라는 성분 때문에 난다. 이 불쾌한 냄새는 피부 염증 제거와 해독 효능이 뛰어나며 아토피 치료에 효과적이다. 어성초는 단백질, 섬유질, 칼슘, 철의 함유량이 달걀보다 높고 지방은 적어 달걀과 같은 영양 가치를 지닌 완전식품이다. 또 특유의 비린내로 해충을 포함한 벌레를 물리치는 효과가 있다. 뿐만 아니라 모기에 물렸을 때 어성초 잎을 따서 문지르면 가려움과 부기가 바로 가라앉는다.

모기 물린 곳에 특효약 어성초 연고

1. 여러 장 겹친 은박지에 어성초 생잎과 부드러운 줄기를 한 줌 올린다.

2. 어성초의 수분이 날아가지 않도록 은박지로 꼼꼼히 감싼다.

3. ②를 약한 불에서 1~2분 정도 익힌다.

> **Tip** 익히는 과정에서 비린내가 날아간다.

4. 은박지를 연 다음 어성초에 굵은 소금을 살짝 뿌려 살균 효과를 더한다.

5. 숟가락이나 방망이로 어성초를 부드럽게 으깨서 식힌 다음 냉장 보관한다.

아토피에 효과적인 어성초물

어성초는 끓이면 비린내가 거의 날아간다. 옥수수, 보리, 둥굴레 등을 같이 넣고 끓이면 고소한 맛이 생겨 아이들도 쉽게 마실 수 있다.

1. 냄비에 물과 말린 어성초를 넣고 끓인다.

> **Tip** 생초는 약성이 너무 강하므로 많이 먹지 말 것. 끓여 먹을 때는 생초보다 건초를 사용한다.

2. 어성초가 끓어오르면 바로 불을 끄고 식힌다.

갱년기 해독 비법 된장수 & 간장수

한국 사람이라면 누구나 즐겨 먹는 된장과 간장으로 정말 간단하게 해독제를 만들 수 있다. 우선 된장은 피를 맑게 하고 독소를 배출하는 청혈 작용을 하며 간의 해독 능력

을 향상시킨다. 된장의 재료가 되는 콩에는 파이토에스트로겐이라는 여성호르몬이 풍부해서 폐경과 함께 시작되는 갱년기 증상에 도움을 준다. 또한 된장은 성질이 찬 음식이라 갱년기 여성의 체열과 답답함도 해소해준다.

간장에는 아미노산이 풍부해 간 기능을 좋게 하며 면역력을 높인다. 숙취 해소와 멀미, 메스꺼움, 소화불량에도 효과적이다.

된장의 나트륨이 걱정되면 나트륨을 줄인 '겹된장'으로 된장수를 만들어 마신다. 단, 항우울제나 결핵약을 복용하는 환자는 된장을 포함한 발효식품을 주의해야 한다. 발효식품에는 혈액을 수축하는 티라민이라는 성분이 들어 있는데, 보통 사람은 티라민을 분해하는 효소를 갖고 있다. 하지만 항우울제와 결핵약에는 티라민 분해 효소를 억제하는 성분들이 들어 있기 때문이다.

1. 메주콩을 푹 삶는다.

2. 삶은 메주콩을 절구에 찧어 뚝배기에 넣는다.

3. 1년 된 재래식 된장을 메주콩과 같은 양으로 넣고 섞는다.

4. 섞은 된장과 메주콩 위에 짚을 덮어 상온에서 2~3일 숙성시킨 뒤 다시 한 달간 냉장고에서 숙성시킨다.

5. 물 200ml에 숙성된 겹된장 1/2큰술을 넣고 저어 마신다.

해독의 제왕 된장수

된장에 열을 가하면 유익균이 죽기 때문에 생된장을 먹는 것이 좋다. 생된장 1g당 약 2억 마리의 유익균을 섭취할 수 있으므로 아침 공복에 한 번, 자기 전에 한 번 마시면 해독에 도움된다.

1. 생수 200ml에 된장 1/2큰술을 넣고 저으면 완성.

    Tip 건더기를 가라앉혀 윗물만 먹고 가라앉은 건더기는 된장국 등을 끓일 때 사용한다.

 ## 한의원의 해독 비법 간장수

생수 200ml에 간장 100ml를 넣고 저어주면 완성.

몸속 노폐물 대청소, 콩가루

최고의 단백질 함유량을 지닌 콩처럼 콩가루 역시 주된 성분은 단백질이다. 여기에 칼슘과 철분이 풍부하게 함유되어 있다. 특히 강력한 항산화 물질인 사포닌이 풍부해 각종 질병의 원인인 활성산소를 제거하고, 몸속에 쌓인 노폐물을 배출시킨다. 식물성 에스트로겐인 이소플라본 성분이 들어 있어 골다공증 예방은 물론 갱년기 증상을 완화해준다.

🥄 집에서 쉽게 만드는 생콩가루

1. 잘 말린 메주콩을 준비한다.
2. 콩을 젖은 행주로 잘 닦는다.
   Tip 물에 씻어서 말리는 시간을 줄일 수 있다.

3. 믹서에 콩을 넣고 간다.

> **Tip** 입자가 조금 거칠어도 식감과 고소한 맛은 더욱 좋다. 더 고운 콩가루를 원하면 체에 몇 번 내린다. 생콩가루에는 트립신의 작용을 억제하는 트립신 저해제가 들어 있어 소화가 잘되지 않는 다. 따라서 생콩가루는 되도록 익혀 먹는다.

생콩가루로 콩죽 만들기

콩죽은 소화가 잘되어 환자식으로 아주 좋다.

1. 냄비에 생콩가루와 물을 1 : 5 비율로 넣는다.

2. 불린 좁쌀과 쌀을 생콩가루와 동량(생콩가루 : 좁쌀 & 쌀 : 물 = 1 : 1 : 5)으로 냄비에 넣어 잘 섞는다.

3. 먹기 좋게 자른 감자를 냄비에 넣는다.

4. 넘치지 않게 잘 저어주며 끓인다.

5. 감자가 모두 익고 걸쭉해지면 완성.

> **Tip** 콩은 바로 갈아서 죽을 만들어야 고소함이 진하다.

제철 보약

봄을 알리는 채소 **냉이, 방풍나물**
여름 열매의 힘 **여주, 개복숭아, 블루베리**
똑똑한 가을 보약 **늙은 호박, 모과, 은행**
겨울이 준 천연 보약 **귤, 콩나물, 시래기**

요즘에는 거의 모든 채소와 과일을 사시사철 먹을 수 있다. 하지만 제철에 나는 신선한 재료로 만든 요리야말로 최고의 보약. 제철에 생산되어 가격이 가장 저렴하면서 건강에도 좋은, 각 계절에 꼭 빼놓지 말고 먹어야 하는 보약 음식을 소개한다.

봄을 알리는 채소 **냉이, 방풍나물**

입맛을 돋우는 대표적인 봄나물, 냉이

겨우내 땅속에 묻혀 지내다가 봄을 가장 먼저 알리는 냉이. 예부터 봄철 냉이는 인삼 부럽지 않다고 했다. 특유의 향으로 식욕을 돋우고, 풍부한 비타민과 미네랄로 지친 간의 피로를 풀어준다. 냉이는 장을 깨끗하게 해준다 하여 '청장초'라고 불리기도 한다. 동의보감에 따르면 냉이를 먹으면 눈이 맑아진다. 좋은 냉이는 향이 좋고 뿌리가 굵으며 잔뿌리가 많지 않다. 또 잎이 새파랗고 넓다.

🥄 향긋함이 살아 있는 냉이무침

1. 냉이를 깨끗이 씻어 다듬는다. 뿌리가 굵은 것은 반으로 자른다.

2. 끓는 물에 소금을 약간 넣고 다듬은 냉이를 넣는다.

3. 냉이의 숨이 죽고 잎이 선명한 초록색으로 변하면 그때부터 1~2분 정도 더 삶고 불을 끈다.

   Tip 뿌리까지 푹 삶기 위해 1~2분 더 삶는 것.

4. 삶은 냉이를 건져 넉넉한 양의 찬물에 흔들어 씻는다.

   Tip 냉이를 데친 물은 육수로 활용한다.

5. 냉이에 물기가 약간 남을 정도로 살짝 짠다.

6. 물기를 짠 냉이를 먹기 좋게 잘라 볼에 담는다.

7. 소금을 약간 넣어 밑간한 뒤 참기름 1큰술과 약간의 깨소금을 넣고 무친다.

   Tip 참기름이 고소한 맛을 내면서 나물의 독성과 균을 제거한다.

냉이 본연의 맛이 그대로 느껴지네요.

 두부장으로 냉이무침 만들기

1. 두부와 된장을 동량으로 준비한 뒤 그릇에 된장을 적당량 넣는다.

2. 두부는 물기를 빼서 으깬 다음 면보에 싸서 된장 위에 올린다.

3. 두부 위에 다시 나머지 된장을 올리고 꾹꾹 눌러 공기를 뺀 뒤 냉장고에 넣어둔다.

> **Tip** 공기를 빼지 않으면 곰팡이가 생긴다.

4. 6개월 정도 숙성시키면 된장 물이 두부에 배어 두부장이 완성된다.

> **Tip** 된장 물이 밴 두부 자체가 두부장이므로 된장과 섞지 않는다.

5. 깨끗이 다듬어 데친 냉이에 두부장을 넣고 무치면 완성.

> **Tip** 두부장은 그냥 반찬으로 내거나 상추쌈을 먹을 때, 찌개나 국을 끓일 때, 나물을 무칠 때 다양하게 활용한다.

풍을 막아주는 방풍나물

방풍나물은 갑자기 정신을 잃고 쓰러지는 중풍과 갑자기 통증이 심해지는 통풍을 예방해준다. 한의학에서는 특히 관절 질환, 마비 질환, 통증 질환을 치료하는 데 많이 사용한다.

 두고두고 먹는 방풍나물장아찌

1. 방풍나물을 깨끗이 씻어 물기를 뺀다.

2. 냄비에 진간장과 식초 1컵씩, 매실액 2컵, 소금 1큰술을 넣고 팔팔 끓인다.

3. 끓인 국물을 한 김 식힌 뒤 방풍나물을 넣어 실온에서 보관한다.

4. 3~4일 뒤 국물만 따라내서 한 번 더 팔팔 끓인 다음 간을 맞춘다.

5. 국물에 다시마를 넣어 감칠맛을 더한 뒤 ③의 방풍나물을 넣으면 완성.

   Tip 방풍나물장아찌로 돼지고기 수육을 싸서 먹으면 맛은 물론 영양 궁합도 최고!

여름 열매의 힘 **여주, 개복숭아, 블루베리**

천연 인슐린, 여주

여주는 여름을 이기게 하는 채소로 '천연 인슐린'이라는 별명을 갖고 있다. 모모르데신과 카란틴 성분을 많이 함유하고 있는데, 이 성분들은 췌장의 베타세포를 활성화해 인슐린 분비를 촉진한다. 더욱 놀라운 점은 여주가 췌장의 유무와 관계없이 혈당을 낮춰준다는 것. 생여주를 갈아 마시고 30분이 지나면 혈당이 감소할 정도로 효과가 빠르다.

여주는 주로 덜 익었을 때 약으로 사용한다. 당뇨, 고혈압, 고지혈증, 비만 치

료에 효과적인 유효 성분이 익으면 과당으로 변하기 때문이다. 여주는 씨에
도 영양 성분이 많아 껍질과 과육, 씨를 모두 먹어야 한다. 단, 기운이 찬 열
매라 평소 소화가 잘 안 되거나 설사를 자주 하는 사람은 생여주를 먹기보다
는 차로 끓여 마시거나 생강을 더해 먹는다.

🥄 영양이 풍부한 여주볶음

1. 프라이팬에 먹기 좋게 썬 돼지고기와 올리브유를 넣어 볶는다.

2. 속을 파낸 여주를 얇게 썬 다음 프라이팬에 넣어 함께 볶는다.

> **Tip** 여주를 소금에 절인 뒤 꼭 짜서 넣으면 식감이 살아난다. 파낸 속은 플레인 요구르트와 섞
> 어 드레싱으로 활용한다.

3. ②에 두부와 달걀을 넣고 볶는다.

상쾌한 쓴맛이
나서 입맛이 확
도네요.

☕ 당뇨 잡는 여주차

1. 물 1.5ℓ에 말린 여주 15~20g을 넣는다.

   Tip 생강을 함께 넣으면 여주의 냉한 기운을 줄일 수 있다.

2. 물의 양을 30% 정도 졸인 다음 식혀서 냉장 보관한다.

   Tip 하루에 3번 식후에 마신다. 끓이고 남은 여주 건더기는 초장이나 간장에 버무려 반찬으로 먹는다.

기관지에 특효, 개복숭아

요즘 구하기가 더욱 힘들어진 개복숭아는 야생에서 흔히 볼 수 있다. 일반 복숭아보다 크기가 작고 단맛이 적지만, 유기산이 풍부해 약성은 더 뛰어나다. 모양이 매실과 비슷한데, 매실과 달리 끝이 뾰족하고 털이 나 있다. 개복숭아

는 신맛이 약간 남아 있을 때 약성의 효과가 좋다. 뿐만 아니라 개복숭아 나무나 열매에 상처가 났을 때 나오는 점액(개복숭아 진)도 혈뇨와 요로 결석에 약으로 쓸 정도로 효능이 뛰어나다.

🍯 개복숭아 진으로 만드는 개복숭아청

1. 개복숭아의 털을 제거하기 위해 대야에 물을 담아 문지르듯 살살 5번 정도 씻는다.
   > **Tip** 농약이 걱정되면 처음 씻는 물에 식초를 약간 넣을 것.
2. 개복숭아를 건진 다음 가라앉은 개복숭아 진을 체로 걸러 따로 보관한다.
3. 깨끗이 씻은 개복숭아를 자르지 않고 열탕 소독한 유리 용기에 넣는다.
4. 개복숭아 위에 개복숭아 진을 넣는다.
5. 개복숭아와 설탕의 비율을 1 : 1로 해서 유리 용기에 켜켜이 넣는다.
6. 켜켜이 넣고 남은 설탕을 마저 다 붓는다.
7. 일주일에 두 번 정도 뚜껑을 열고 저어 설탕을 녹인다.
8. 1년 정도 지나면 열매를 건져낸다.
   > **Tip** 개복숭아 진은 건져내지 않고 끝까지 남겨놔야 유효 성분이 우러난다.

별미 건강식, 쪄먹는 개복숭아

개복숭아를 물에 헹군 뒤 찜통에 넣고 15~20분 간 찌면 완성. 찐 개복숭아는 껍질이 잘 벗겨지고 당도가 높다.

눈 건강을 지켜주는 블루베리

'신의 선물'이라고 부를 만큼 맛은 물론 건강에도 좋은 블루베리. 안 토시아닌 성분이 풍부해 블루베리 를 먹으면 시력을 향상시킬 수 있 다. 또 나이 들면서 오는 노안, 혈

관 질환, 기억력 감퇴, 치매에 효과적이다.

좋은 블루베리는 색이 진하고 하얀 과분이 많이 나온다. 색이 너무 투명하거 나 반짝거리는 것은 구입하지 말 것. 블루베리는 주로 냉동 상태로 구입하는 데 냉동 블루베리와 생블루베리의 영양 성분은 거의 비슷하다. 생블루베리는 냉장고에 넣으면 10일 정도 보관할 수 있으며, 냉동고에서는 25일 동안 싱싱 하게 보관할 수 있다.

내 눈에 베리 굿! 블루베리토마토주스

블루베리와 토마토를 동량으로 섞어 믹서에 갈면 완성.

 ## 상큼한 보랏빛 블루베리와인

1. 투명 용기에 블루베리와 설탕을 8 : 2 비율로 넣고 버무린다.

2. 용기 입구를 베 보자기로 덮은 다음 3개월간 숙성한다.

3. 3개월 뒤 건더기를 베 보자기로 건져낸다.

4. 1년간 와인에 가라앉는 앙금을 베 보자기로 3~4회 걸러내면 완성.

고급 와인을 마시는 느낌이에요.

똑똑한 가을 보약 **늙은 호박, 모과, 은행**

넝쿨째 굴러 온 영양 덩어리, 늙은 호박

꼭지부터 씨까지 버릴 게 없는 호박에는 필수지방산과 필수아미노산이 매우 풍부하다. 특히 비타민 A는 일일 섭취량의 두 배가 들어 있다. 적혈구 생성에 꼭 필요한 비타민 B_{12}도 풍부해서 빈혈 치료에 도움된다. 호박 꼭지 또한 많은 영양 성분을 함유하고 있어 피부 종기와 화상 치료에 쓰인다. 호박씨에는 호박에 들어 있는 대부분의 영양소가 모두 함유되어 있으며 특히 트립토판이 풍부해 긴장 해소와 집중력 향상에 좋다.

🥣 집에서 쉽게 만드는 호박즙

호박즙은 부기, 소화불량, 불면증, 탈모 등에 좋다.

1. 늙은 호박을 깨끗이 씻은 뒤 골을 따라 자른다.

2. 냄비에 물 1/2컵과 호박을 꼭지, 씨, 껍질째 넣고 30~40분 정도 삶는다.

   Tip 호박은 삶아서 먹어야 소화가 더 잘된다.

3. 삶은 호박을 베 보자기에 넣고 꼭 짜면 완성.

   Tip 호박즙은 냉장고에 2주 정도 보관할 수 있다.

More Tip

호박씨 잘 까는 법

호박씨를 미지근한 물에 20~30분 정도 불린 뒤 면보에 올려 물기를 닦는다. 그다음 뾰족한 부분을 손톱으로 눌러 껍질을 깐다. 껍질을 깐 호박씨는 볶을 필요 없이 그대로 먹는다.

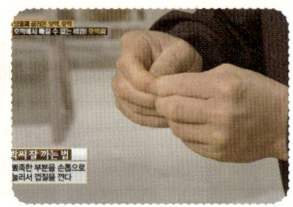

🥄 폐와 호흡기에 좋은 호박꿀영양탕

고혈압, 당뇨 환자는 물론 만성피로와 스트레스로 고생하는 사람에게 특히 좋다.

1. 600g 정도의 늙은 호박은 껍질을 까서 적당한 크기로 자른다.

2. 냄비에 자른 호박과 물을 적당히 넣고 20분 정도 푹 삶는다.

3. 삶은 호박을 으깨거나 믹서에 간 뒤 호박 삶은 물을 조금 넣고 섞는다.

4. ③을 냄비에 넣고 소금과 꿀을 약간씩 넣는다.

5. 냄비에 밤 20개, 은행 10개, 대추 10개, 잣 1작은술을 넣고 끓인다.

> **Tip** 위의 부재료는 취향에 따라 가감한다.

6. 밤이 다 익을 때까지 15~20분 정도 끓이면 완성.

부드럽고 달콤한 일품요리 같아요.

천연 관절약, 모과

모과는 기침을 가라앉히고 가래를 삭이는 데 효과적이다. 신맛을 내는 구연산과 사과산, 쓴맛을 내는 타닌 그밖에 플라보노이드, 폴리페놀, 비타민 C가 많아 감기 예방에 매우 좋다. 모과의 또 다른 효능은 척추, 근육, 관절 질환 치료에 탁월하다는 것. 특히 나이 들면서 약해지는 허리와 관절, 다리의 근육에 좋은 천연 근육강화제이자 근육 이완제다. 중년 이후의 여성이 많이 앓게 되는 하지불안증후군에도 특효약이다. 모과는 말려서 사용해야 더 큰 효과를 볼 수 있다. 껍질이 두껍고 단단한 모과를 얇게 썰어서 자연 건조하면 과육 성분을 잘 추출할 수 있다.

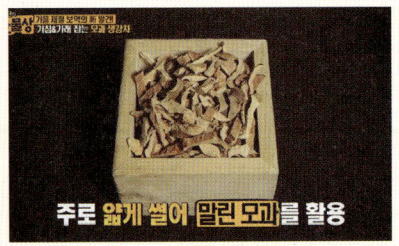

Point

열에 약한 모과 향 오래 유지하는 방법

1 조리 시 10분 이내로 짧게 가열한다.
2 말린 모과를 끓이지 않고 따뜻한 물에 우린다.

🍯 환절기 보약 모과꿀청

몸살 기운이 있거나 목이 부었을 때, 구역질이나 딸꾹질이 날 때, 속이 안 좋을 때 모과꿀청을 마시면 증상이 완화된다. 따뜻한 물에 모과꿀청 1큰술을 넣고 하루에 1~2번 마신다.

1. 물 3ℓ에 말린 모과 200g을 넣고 1시간 정도 중불에서 끓인다.

   Tip 모과 양에 따라 물 비율은 자유롭게 조절할 것.

2. 모과가 빨갛게 익으면 건져내고, 우려진 모과 물은 남겨둔다.

3. 생강 100g을 즙을 낸 다음 모과 우린 물에 넣는다.

4. ③에 설탕 200g, 꿀 200g을 넣고 20~30분 정도 졸이면 완성.

   Tip 설탕이나 꿀 둘 중의 하나만 넣어도 된다.

모과의 새콤함과 꿀의 달콤함이 더해져 정말 맛이 있어요.

기관지 보호하는 모과생강차

물 500ml에 얇게 편 썰어 말린 모과 20g과 얇게
썬 생강 10g을 넣고 20분간 끓인다.

> **Tip** 생강 역시 몸을 따뜻하게 하고 가래를 삭이는
> 효능이 있어 모과와 같이 사용하면 효능이 배가된다.

관절, 척추에 좋은 모과주

모과주는 오래 숙성할수록 약성이 높아진다. 천연 관절약이면서 숙취 해소에도 좋다.

1. 깨끗이 씻은 모과를 얇게 썬다.

2. 열탕 소독한 투명 용기에 모과를 넣고, 모과가 완전히 잠기도록 담금주를 부은 뒤
   3개월간 숙성시킨다.

폐와 기관지에 좋은 은행

외피 속의 단단한 겉껍질을 까야만 얻을 수 있는 은행은 기침과 가래 해소에 탁월하며 폐와 기관지 질환 치료에 효과적이다. 보통 은행에 독소가 있어 하루에 몇 알 이상 먹으면 안 된다는 말이 있는데, 은행 독소에 대한 민감도는 사람마다 달라서 하루 몇 알이라고 단정 지을 수는 없다. 단, 알맹이를 감싸고 있는 속껍질에는 열을 가해도 없어지지 않는 독소 성분이 있으므로 반드시 벗겨내고 먹어야 한다. 구운 은행을 젖은 행주에 올려놓고 문지르면 속껍질을 쉽게 제거할 수 있다.

은행을 고를 때는 물에 뜨지 않는 것을 선택할 것. 또 은행을 냉장고에 보관하면 겉껍질에 검은 곰팡이가 생기는데, 이는 은행이 숨 쉬며 살아 있다는 증거이므로 물에 씻어서 사용한다.

🫙 은행 외피로 식초 만들기

기관지 질환이 완치될 정도로 효력이 좋은 은행 식초. 기침이나 가래가 심할 때는 식후에 3번, 피곤할 때는 수시로 한 잔씩 마신다. 은행식초는 숙성 시간이 길어질수록 색이 짙어지는데, 5년 이상 숙성된 식초의 약효가 가장 좋다.

1. 은행을 소쿠리에 넣고 물로 깨끗이 씻어 이물질을 제거한다.

2. 은행 외피와 씨앗을 분리한다.

3. 외피만 손으로 주물러서 으깬다.

4. 으깬 은행 외피를 병에 넣어 15~30일간 발효시키면 부피가 줄고 즙이 늘어난다.

5. 발효된 은행 외피를 베 보자기에 넣어 즙만 걸러낸다.

6. 즙을 체에 걸러 항아리에 담는다.

7. 항아리 입구를 한지로 덮어 벌레의 유입을 막고 공기가 잘 통하도록 한다.

8. 오랜 기간 숙성시키면 색이 짙어지면서 식초가 된다.

은행잎으로 천연 살충제 만들기

녹색 은행잎에 들어 있는 플라보노이드, 폴리프레놀, 유기산 등은 살균·살충 효과가 뛰어나다. 천연 살충제를 만들어 실내에서 사용할 때는 묽게 희석할 것.

1. 녹색 은행잎과 에탄올을 1:1 비율로 믹서에 넣고 간다.

2. 15일 정도 숙성시킨 뒤 거즈를 이용해 건더기는 거르고 즙을 낸다.

3. 즙을 10배의 물에 희석한 다음 분무기에 넣고 사용한다.

겨울이 준 천연 보약 굴, 콩나물, 시래기

천연 비타민 C의 보고, 귤

항산화 성분인 비타민 C와 베타카로틴이 풍부한 귤은 겨울철의 으뜸가는 과일. 귤의 비타민 B는 신진대사를 좋게 하고 유기산은 피로를 없애준다. 비타민 P는 모세혈관을 튼튼하게 만들어 고혈압, 동맥경화, 고지혈증을 예방한다.

귤은 껍질째 먹어야 좋다. 오랜 시간 말려서 갈색으로 변한 귤껍질, '진피'를 한약재로 쓰는데, 이는 소화를 돕고 콜레스테롤 수치를 낮춰주며 가슴 답답함과 기침, 가래를 해소해준다. 귤에 붙어 있는 흰 부분도 떼지 말고 반드시 먹을 것. 흰 부분에 고혈압과 천식을 예방하는 헤스페리딘 성분이 가득 들어 있다.

겨울 건강 책임지는 귤 발효액

1. 귤을 껍질째 슬라이스하듯 얇게 썬다.

2. 귤과 설탕을 3 : 1 비율로 밀폐용기에 넣고 입구를 한지로 덮는다.

3. 3개월 정도 발효시킨 뒤 60~70℃의 물에 타서 마신다.

귤의 향이 물씬 나면서 특유의 시원함이 느껴져요.

 ## 감기 특효약 진피차

1. 편으로 썬 생강을 물에 넣어 끓인다.

2. 생강 끓인 물에 진피를 넣고 우리면 완성.

몸에서 땀이 쫙 나는 게 감기가 바로 나을 것 같아요.

숙취 해소에 최고, 콩나물

저렴하지만 아삭아삭한 식감으로 밥상의 1등 식재료라고 불릴 만한 콩나물은 비타민 C가 풍부해 감기 예방과 치료에 효과적이다. 또 식물성 여성호르몬인 이소플라본이 많아서 골다공증에도 좋다. 뿐만 아니라 콩나물의 아스파라긴산은 알코올 분해를 촉진해 숙취를 말끔히 해소한다. 콩나물 대가리에 풍부한 아르기닌은 혈관을 확장해 혈압을 낮추고 면역력을 강화한다. 콩나물을 요리할 때 가장 어려운 부분은 비린내 없이 삶는 것. 처음 삶을 때부터 마늘과 소금을 약간 넣으면 비린내 없이 맛있게 삶을 수 있다.

간에 좋은 콩나물칡국

콩나물의 아스파라긴산과 칡에 들어 있는 카테킨이 간 기능을 활성화한다.

1. 물 1ℓ에 칡 50g을 담가놓는다.
2. 칡 우린 물을 육수로 콩나물국을 끓인다.
   > **Tip** 칡을 미리 물에 담가놓을 시간이 없으면 콩나물과 칡, 물을 처음부터 같이 넣고 끓인다.

비린내 없이 아삭아삭한 콩나물무침

1. 냄비에 적당량의 콩나물과 물을 넣는다.

2. 소량의 다진 마늘과 소금을 냄비에 넣은 다음 뚜껑을 닫고 삶는다.

3. 물이 끓기 시작하고 고소한 향이 나면 불을 끈다.

4. 바로 뚜껑을 열지 말고 1분 정도 뜸을 들인다.

5. 삶은 콩나물을 건져 찬물에 담가놓는다.

6. 콩나물을 체로 거른 다음 키친타월을 이용해 물기를 완전히 뺀다.

7. 콩나물을 볼에 담고 조선간장을 약간 넣어 밑간한다.

8. 얇게 썬 홍고추와 청고추, 들깻가루를 볼에 적당히 넣는다.

9. 들기름을 약간 넣고 조물조물 무친다.

영양가 높은 완전식품, 시래기

겨울철 식탁에 흔히 올라오는 시래기는 다양한 영양소와 효능이 숨어 있는 대표 웰빙 식품. 비타민 C, 베타카로틴, 비타민 D 등 좋은 영양가가 많다. 인스턴트식품에 들어 있는 니트로소아민이라는 발암물질을 해독하는 효과가 있어 최근 주목받고 있다.

시래기 중에서도 서리를 세 번 맞은 무청으로 만든 시래기가 가장 좋다. 꼭지가 달려 있고 만졌을 때 몰캉몰캉하면서 탄력 있는 것, 껍질이 예쁘게 벗겨지는 것을 구입해야 한다. 색이 너무 시커먼 시래기는 구입하지 말 것.

〈좋은 시래기의 조건〉

 고소한 명품 시래기밥

1. 잘 삶은 시래기를 잘게 썬다.
2. 냄비에 시래기와 들기름을 약간 넣고 조물조물 무친다.
3. 냄비에 육수 또는 물을 자작하게 넣고 한소끔 끓인다.
4. 끓인 시래기의 반을 밥 지을 냄비 바닥에 깔고 그 위에 쌀을 부은 다음 나머지 시

래기를 쌀 위에 얹는다.

5. 일반 밥물보다 10% 적게 넣고 끓이면 완성.

> **Tip** 홍고추, 청고추, 들깻가루, 고춧가루, 쪽파, 맛간장, 마늘, 참기름을 섞어 양념장을 만들어
> 시래기밥과 함께 먹는다.

🍲 자연의 맛 물씬 나는 시래기들깨된장국

1. 삶은 시래기를 적당한 크기로 썬다.

2. 시래기에 된장과 새우젓을 1큰술씩 넣고 무친다.

3. ②에 다시마 육수 2컵, 들깻가루와 콩가루를 1큰술씩 넣고 끓인다.

> **Tip** 들깻가루의 양은 기호에 따라 조절할 것.

4. 국이 끓기 시작하면 들기름을 1큰술 넣는다.

5. 적당한 크기로 썬 양파, 표고버섯, 홍고추, 청고추, 고춧가루를 국에 넣는다.

> **Tip** 칼칼한 맛을 원하면 청양고추를 추가한다.

6. 재료가 익을 때까지 끓이면 완성.

Part 3

똑소리 나는
요리 비법 & 살림 비법

Chapter

11

훔치고 싶은
특급 요리 레시피

만능 맛간장 & 맛기름
무병장수 비법, 달걀 & 멸치 반찬
김치 명인의 김장 비법
저염 장아찌 비법

어디에서도 찾아볼 수 없는 특급 레시피를 소개한다. 다양한 요리에 두루 활용할 수 있는 만능
맛간장과 맛기름 만드는 방법부터 매일 먹는 반찬과 김치의 색다른 조리법까지 살림9단들이 공
개하는 요리 비법.

만능 맛간장 & 맛기름

음식의 맛과 풍미를 더욱 살리는 맛간장과 맛기름을 만들어보자. 한번 만들어놓고 각종 조림과 볶음, 나물 요리에 활용하면 웬만한 요리는 레시피 없이도 맛이 확 살아난다.

🍯 요리를 업그레이드 시키는 만능 맛간장

1. 냄비에 간장 200ml를 넣는다.

2. 건표고버섯 우린 물 100ml를 넣는다.

   Tip 건표고버섯은 찬물에 우릴 것. 감칠맛을 내는 구아닐산 성분이 찬물에 더 잘 우러난다.

3. 청주 100ml, 올리고당 100ml, 사과 껍질을 넣는다.

   Tip 청주 대신 소주를 넣어도 좋다.

4. 파 뿌리, 양파 껍질, 피망 꼭지 등 자투리 채소들을 넣는다.

5. 다시마를 천으로 깨끗이 닦아 냄비에 넣고 중불에서 끓인다.

   Tip 끓어 넘칠 수 있으니 반드시 중불에서 끓일 것.

6. 5분 정도 지나 끓기 시작하면 다시마는 먼저 건져내고 10분 정도 더 끓인다.

7. 다 끓인 맛간장은 한 김 식힌 뒤 재료를 건져내고 얇게 슬라이스한 레몬을 넣는다.

> **Tip** 레몬을 처음부터 같이 끓이면 쓴맛이 난다. 레몬은 맛간장을 다 먹을 때까지 그대로 담가
> 둔다.

간장인데도 별로 짜지 않고 감칠맛이 나요.

🥄 맛간장으로 만드는 노른자장조림

맛간장에 날달걀의 노른자와 얇게 썬 레몬을 넣어 하루 정도 숙성시키면 완성.

> **Tip** 달걀은 반드시 싱싱한 유정란을 사용할 것.

달걀의 비린 맛은 전혀 없고, 레몬의 향긋함이 나요.

맛을 더욱 돋우는 고추 맛기름

순두부찌개, 볶음우동 만들 때 활용하면 좋다.

1. 양파와 대파를 다듬을 때 나오는 껍질과 뿌리를 냄비에 넣는다.

> **Tip** 채소를 다듬고 남은 껍질과 뿌리를 깨끗이 손질해 냉동실에 얼렸다가 사용하면 간편하다.

2. 마늘 두 쪽과 다진 생강을 적당히 넣는다.

3. 일반 식용유 200ml를 넣고 센 불에서 끓인다.

4. 재료가 갈색이 될 때까지 기름에 끓인다.

5. 고춧가루 4큰술에 소금 1/2큰술을 섞어 따로 준비한다.

> **Tip** 소금을 넣으면 감칠맛이 나고 기름의 산패를 방지한다.

6. 커피 내리는 종이 필터에 ⑤를 넣고 끓인 기름을 뜨거운 상태에서 조금씩 붓는다.

> **Tip** 기름을 한꺼번에 부으면 튈 수 있으니 조금씩 부을 것.

감칠맛 나는 매운 맛이 살짝 있어요.

요리의 급이 달라지는 만능 맛기름

생선구이, 두부부침, 고기볶음 할 때 향신료 역할을 한다.

1. 프라이팬에 일반 식용유 200ml를 넣는다.
2. 마늘, 생강, 파, 양파를 기본으로 깻잎, 피망, 당근 등의 자투리 채소를 넣고 중불에서 끓인다.
3. 양파와 마늘이 갈색으로 변하고 채소의 수분이 다 빠질 때까지 끓인다.
4. 끓인 기름을 한 김 식힌 다음 건더기를 체에 거르면 완성.

 ## 왕비의 맛간장, 천리장 만들기

300년 전부터 궁과 사대부가에서 즐겨 먹었던 전통적인 장. 실온에서 1년 정도 보관할 수 있다.

1. 조선간장과 소고기 우둔살을 3 : 1 비율로 준비한다.
2. 냄비에 조선간장을 넣고 센 불에서 끓이다가 중불로 줄여 간장이 반으로 줄 때까지 졸인다.
3. 다른 냄비에서 우둔살을 살짝 익을 정도로만 삶는다.
4. 삶은 우둔살을 얇게 썬 다음 채반에 널어 바삭거릴 정도로 충분히 말린다.

5. 말린 우둔살을 믹서에 넣고 갈아 가루로 낸다.

6. 졸인 조선간장에 우둔살가루를 넣고 약한 불에서 타지 않게 졸여 걸쭉하게 만든다.

장조림 맛이 나네요.

🥄 천리장으로 만드는 닭오이무침

1. 닭을 삶은 뒤 먹기 좋은 크기로 썬다.

2. 오이는 반을 갈라 어슷썰기한 다음 면보에 넣어 물기를 꼭 짠다.

3. 닭과 오이를 섞는다.

4. 마늘, 파, 고춧가루, 깨, 천리장을 넣어 양념을 만든다.

5. 섞어 놓은 닭과 오이에 양념장을 넣고 조물조물 무친다.

달짝지근하면서 천연의 깊은 맛이 나요.

무병장수 비법, 달걀 & 멸치 반찬

여러 가지 반찬 중에서 우리나라 사람에게 꼭 필요한 것은 단연 단백질 반찬이다. 단백질 중에서도 필수아미노산이 골고루 들어간 좋은 단백질을 섭취해야 하는데, 달걀은 이를 만족시키는 대표적인 식품이다. 또 한국인에게 부족한 칼슘은 멸치로 보충할 수 있다. 단백질과 비타민 D, 핵산을 다량 함유한 멸치는 뼈 건강뿐만 아니라 기억력과 면역력 증강에도 도움을 준다.

More Tip

좋은 멸치 고르는 방법

투명하고 잡티가 없으며 냄새가 나지 않는 멸치, 건조가 잘 되어 껍질이 벗겨지지 않은 멸치, 먹었을 때 짜지 않고 이물감이 들지 않는 멸치를 구입한다. 전체적으로 노란빛을 띠는 멸치는 신선도가 떨어진 것. 볶음용으로 사용하는 세멸치(지리멸치)는 하얗고 맑은 것이 좋다. 중멸치 역시 볶음용으로 등이 곧고 뼈가 보일 만큼 맑고 투명한 것을 고른다. 국물을 내는 데 쓰는 대멸치는 등이 곧고 반듯하면서 반짝반짝 은빛이 도는 것을 선택한다.

🥄 부드러움이 두 배! 담백한 달걀말이

1. 달걀 3개에 간장 1/2큰술을 넣는다.

> **Tip** 간장을 넣으면 달걀이 더 잘 풀리고 잡내가 없어진다.

2. ①에 우유 1~2큰술을 넣고 포크로 저어 섞는다.

3. 달군 프라이팬에 기름을 두른 다음 키친타월로 기름을 살짝 닦아낸다.

4. 중불로 맞춘 뒤 달걀을 1/3만 프라이팬에 넣고 젓가락으로 골고루 젓는다.

> **Tip** 달걀을 저으면 공기층이 생겨 볼륨감이 생긴다.

5. 달걀이 90% 정도 익었을 때 프라이팬을 기울여서 돌돌 만다.

6. 돌돌 말은 달걀을 프라이팬의 끝으로 보낸 뒤 ③에서 기름을 닦아낸 키친타월로 팬에 기름을 바른다.

7. 남은 달걀을 1~2번에 나눠 부어 ④~⑥과 같은 방법으로 달걀을 만다.

8. 완성된 달걀말이 위에 칼을 얹어 살짝 달군 다음 자른다.

촉촉하고 너무 부드러워요.

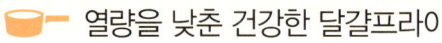 열량을 낮춘 건강한 달걀프라이

1. 달군 프라이팬에 기름 1작은술을 넣는다.

2. 달걀을 깨서 넣고 약한 불로 줄인다.

3. 물 2큰술을 달걀 주변에 두른다.

4. 프라이팬과 짝이 맞지 않는 뚜껑을 덮고 천천히 익히면 완성.

 멸치 본연의 맛을 살린 멸치볶음

1. 멸치를 체에 쳐서 가루를 걸러낸다.

2. 중불에서 프라이팬을 예열한 뒤 물엿과 간장을 넣고 끓인다.

3. 끓기 시작하면 채 썬 당근과 견과류를 넣고 뒤적인다.

4. 멸치를 넣고 약한 불에서 2분 정도 볶는다.

멸치의 아삭아삭한 맛이 살아 있어요.

멸치 비린내 없애기

More Tip

- 예열한 프라이팬에 기름을 두르지 않고 멸치를 덖는다.
- 바람이 잘 통하는 그늘진 곳에서 멸치를 말린다. 이때 레몬즙 과 소주를 섞어 살짝 뿌리면 멸치의 비린내를 잡고 오래 보관 할 수 있다.

딱딱하게 굳은 멸치볶음 부드럽게 되살리기

프라이팬에 물 2큰술, 물엿 1큰술을 넣고 끓인 다음 딱딱하게 굳은 멸치볶음을 넣고 잘 풀어준다.

김치 명인의 **김장 비법**

우리나라 어머니의 수만큼 종류가 다양하다는 김치. 집집마다 김치 담그는 방법이 다른데, 과연 김치 명인들은 어떤 김치를 담글까? 주변에서 흔히 접하는 김치 말고 예

상치 못한 재료를 넣어 만드는 특별한 김치를 소개한다.

🥘 몸속까지 시원한 오이지 만들기

1. 굵은 소금으로 오이를 문질러 이물질과 가시를 제거한다.

   `Tip` 억세고 두꺼워서 속이 물러지기 쉬운 조선오이보다 백다다기오이를 사용한다. 백다다기오이는 끝 부분이 싱싱하고 가시가 뾰족하며 흰 부분이 많고 곧게 뻗은 것이 좋다.

2. 소금이 묻은 채로 오이를 30분 정도 두었다가 물로 깨끗이 씻은 다음 물기를 완전히 뺀다.

   `Tip` 물기를 완전히 빼야 오이 위에 하얗게 뜨는 골마지가 끼지 않는다.

3. 오이가 25kg이면 물 30kg에 소금 4kg을 녹여 팔팔 끓인다.

4. 절인 오이를 독이나 통에 담고 팔팔 끓인 소금물을 붓는다.

5. 실온에 2~3일 두었다가 냉장고에 넣어 15일간 보관하면 잘 숙성된다.

> **Tip** 오이지에 다른 물이 들어가면 안 된다. 따라서 오이지를 꺼낼 때는 마른 손이나 비닐장갑을 낀다.

 ## 한입의 명품 김치, 오이지무침

1. 잘게 썬 오이지를 흐르는 물에 헹궈 염도를 줄인다.

2. 삼베 주머니나 양파망에 오이지를 넣고 물기를 꼭 짠다.

3. 고추장, 참기름, 깨소금, 다진 마늘, 다진 파, 고춧가루를 섞어 양념장을 만든다.

4. 오이지에 양념장을 넣고 버무린다.

5. 마지막으로 쪽파와 홍고추, 청고추를 넣어 버무리면 완성.

아삭한 식감과 고소함이 환상이에요.

🥣 밥상의 품격을 높이는 깔끔한 나박김치

김치는 15℃에서 36시간 보관한 다음 저온에서 보관해야 배추에 양념이 잘 배어든다. 김치냉장고에 바로 넣을 때는 숙성 모드에서 36시간 보관한 뒤 보관 모드로 저장할 것.

1. 다진 마늘, 다진 생강, 고춧가루를 면보에 넣은 뒤 물 3ℓ에 담가 조물조물 주물러 국물을 만든다.

   Tip 마늘과 생강의 비율은 10 : 2

2. 국물에 천일염 45g을 넣어 간을 하고 배즙을 넣는다.

3. 알배추 한 포기와 무 1kg을 정사각형으로 썬 다음 소금을 뿌려 절인다.

   Tip 무는 30분, 배추는 1시간 절인 후 헹구지 않고 그대로 사용할 것.

4. 통에 배추와 무를 넣은 다음 국물을 붓고 배, 미나리, 쪽파를 띄운다.

5. 마지막으로 홍고추를 넣으면 완성.

시원한 맛 때문에 갈증이 확 풀리는 것 같아요.

🍲 사찰 김치의 정석, 표고버섯단감김치

1. 찹쌀풀을 만들어 식힌 다음 볼에 넣는다.

2. 표고버섯과 다시마를 넣고 우린 물을 찹쌀풀과 섞는다.

3. 알맹이만 빼서 으깬 홍시를 적당량 첨가한다.

4. 간 고춧가루와 간 홍고추를 적당량 넣고, 표고버섯가루 1큰술을 넣는다.

   Tip 고춧가루와 홍고추의 비율은 1 : 3

5. 다진 생강은 약간, 조선간장은 3큰술을 넣는다.

6. 채 썬 대추와 불려서 채 썬 표고버섯, 적당한 크기로 썬 갓, 양념에 버무린 무채를 넣는다.

7. 적당한 크기로 썬 청각과 단감을 넣는다.

8. 연근가루를 약간 넣어 버무리면 김칫소 완성.

9. 소금에 절인 배추에 완성된 김칫소를 넣는다.

   Tip 2일 정도 숙성시킨 후 먹는다.

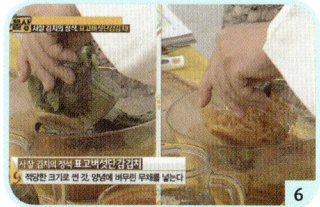

젓갈이 전혀 들어가지 않았는데도 김치 특유의 감칠맛이 나네요.

🥘 사찰의 백김치, 통배백김치

1. 배추를 소금에 절인다.

2. 배의 껍질을 벗긴 다음 가운데 씨만 밀어 중앙을 비운다.

3. 생강즙에 무채, 밤채, 당근채, 미나리를 넣고 버무려 소를 만든다.

4. 절인 배추에 버무린 소를 켜켜이 넣는다.

5. 소를 채운 백김치를 배의 중앙에 밀어 넣는다.

6. 배즙과 물을 3 : 1 비율로 섞어 소금으로 간한 다음 ⑤에 붓는다.

7. 2일 정도 숙성시킨 후 먹는다.

신선한 샐러드를 먹는 기분이에요.

저염 장아찌 비법

나트륨 범벅의 식탁을 건강한 식탁으로 바꿔줄 주인공은 바로 저염 장아찌. 높은 염분 때문에 장아찌를 피하던 사람들도 먹을 수 있는 영양 만점 저염 장아찌를 소개한다. 저염 장아찌의 핵심은 대파 뿌리와 양파 껍질 등 버리는 재료로 만드는 채수맛간장. 채수에 들어가는 대파 뿌리와 양파 껍질이 염분을 중화하고 나트륨을 배출시키면서 항산화 효과를 높인다.

건강한 저염 장아찌의 핵심, 채수 만들기

1. 대파 뿌리, 양파 껍질, 다시마를 물에 넣고 중불에서 30~40분 끓인다.

2. 건더기를 걸러내면 채수 완성.

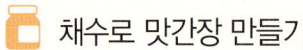
1. 냄비에 만들어놓은 채수를 적당량 넣는다.

2. 채수와 같은 양의 조선간장을 냄비에 넣는다.

3. 사과, 표고버섯, 파프리카, 당근 등 자투리 채소 말린 것을 ②에 넣는다.

    Tip 채소를 말려서 넣어야 영양가가 더 높다.

4. 재료를 넣고 팔팔 끓이다가 마지막에 말린 귤 껍질을 넣는다.

    Tip 말린 귤 껍질이 천연 방부제 역할을 한다.

5. 중불에서 40분 정도 끓인 뒤 건더기를 건진다.

6. ⑤에 간장 1/4 분량의 청주와 간장 1/2 분량의 조청을 넣는다.

7. 청주와 조청을 넣고 끓기 시작하면 그때부터 4~5분 정도 더 끓인다.

🥄 채수맛간장으로 만드는 바지락장아찌

1. 살만 발라낸 바지락을 소주에 3~4시간 담가둔다.

   Tip 소주가 짠맛을 중화하고 비린내를 없애며, 바지락살을 탱탱하게 만든다.

2. 냄비에 채수맛간장 1컵, 채수 2컵을 넣는다.

3. 청주와 조청을 1컵씩 넣고 팔팔 끓인 뒤 뜨거운 상태로 바지락에 붓는다.

   Tip 반드시 냉장 보관할 것.

🥄 채수맛간장으로 만드는 단감장아찌

1. 단감을 채 썰어 꾸덕꾸덕할 정도로 말린다.

2. 냄비에 청주와 설탕을 동량으로 넣고 끓여 시럽을 만든다.

3. 말린 단감에 뜨거운 시럽을 부은 뒤 골고루 섞는다.

4. ③에 고추장, 고춧가루, 채수맛간장을 넣고 버무리면 완성.

   Tip 숙성되면서 장아찌의 곰삭은 맛이 난다.

곶감처럼
달콤해요.

Chapter

12

완벽한
청소 & 세탁의 비법

청소 완전 정복
새집으로 완벽 변신, 셀프 보수
제대로 돈 버는 주방 사용 설명서
야무진 김치냉장고 청소 테크닉
똑똑한 아이디어로 무장한 세탁법

살림에도 기술과 요령이 필요하다. 청소부터 빨래, 수납, 정리까지 살림 고수들의 소소하지만
알찬 아이디어를 전수받는다면 시간 단축은 물론 살림의 재미에 푹 빠지게 될 것이다.

청소 완전 정복

먼지 제로, 거실 청소

매일 쓸고 닦아도 온갖 유해물질로 다시 더러워지는 집. 특히 청소가 쉽지 않은 카펫과 창틀은 물론 눈에 잘 보이지 않는 미세먼지가 쌓인 곳은 더욱 세심하게 청소해야 한다. 치워도 끝이 없는 집안 곳곳을 단시간에 천연 공간으로 만들어줄 참 쉽고 만만한 청소 노하우를 공개한다.

🖌 소독용 에탄올로 미세먼지 제거하기

미세먼지가 많은 건조한 날에는 습식 청소를 해야 먼지가 덜 날린다. 에탄올은 알코올 농도가 높아 곰팡이와 세균을 효과적으로 없애주며 휘발이 빨리 되어 청소하기에 제격이다. 단, 벽지에 사용할 때는 변색될 위험이 있으므로 귀퉁이에 시험 삼아 해보고 사용한다.

1. 밀대의 끝을 키친타월로 감싼 뒤 스타킹을 씌운다.

> **Tip** 스타킹을 씌워야 키친타월이 떨어지지 않고 밀대에 고정된다.

2. 에탄올을 분무기에 넣은 뒤 키친타월에 충분히 뿌린다.

3. 밀대를 이용해서 천장, 벽면, 바닥 순서대로 먼지를 닦는다.

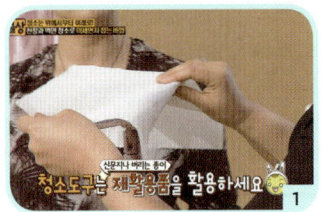 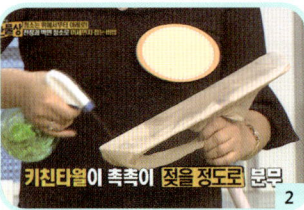 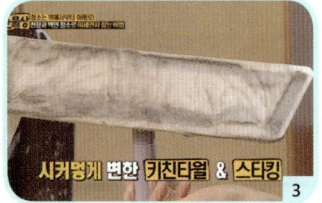

 ## 나무젓가락으로 창틀 묵은 때 청소하기

1. 물티슈로 눈에 보이는 창틀의 때를 닦는다.

2. ①에서 썼던 물티슈를 나무젓가락에 끼워 창틀 사이사이의 때를 제거한다. 이렇게 하면 손에 힘을 주지 않고 누르는 힘만으로도 쉽게 청소할 수 있다.

> **Tip** 물에 적신 행주나 마른행주를 나무젓가락 사이에 끼운 뒤 돌돌 말아 주방의 전등갓을 청소하는 것도 좋은 방법.

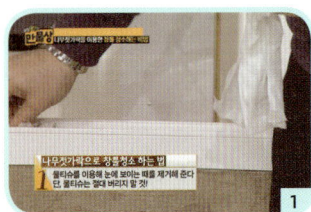  

🖌 청소기 제대로 청소하기

집안의 모든 먼지를 빨아들이는 기특한 청소기. 그러나 청소기 자체가 더러우면 청소하는 과정에서 오히려 먼지가 밖으로 배출된다. 지금 당장, 청소기부터 청소하자.

1. 청소기의 먼지 봉투를 뺀다.

2. 먼지 봉투 뒤쪽에 있는 스펀지를 꺼내 물로 헹궈 이물질을 제거한다.

3. 청소기의 통풍구 쪽에 장착된 배기구의 스펀지를 꺼내 물티슈로 닦는다.

> **Tip** 물이 닿으면 안 되는 부품 청소에는 물티슈를 사용할 것.

4. 청소기 내부는 못 쓰는 칫솔로 먼지를 제거한 다음 알코올로 닦는다.

5. 청소기 호스는 굵은 소금을 바닥에 뿌린 뒤 빨아들이면 말끔하게 청소가 된다. 소금이 먼지를 흡착하는 것.

기름때·찌든 때 완벽 제거, 주방 청소

집안 청소 중 가장 골칫거리인 주방은 가족의 건강과 직결되는 장소. 따라서 더욱 세심하고 꼼꼼한 관리가 필요하다. 들러붙은 기름때는 물론 찌든 때와 먼지까지 순식간에 말끔히 없애는 쾌적 청소법을 소개한다.

 폐식용유로 주방 후드 청소하기

보통 주방 후드의 기름때를 물과 세제로 씻는데 이 방법은 불리는 시간이 필요해서 번거롭다. 기름때를 손쉽게 제거하는 방법은 폐식용유를 사용하는 것. 기름은 기름으로 녹일 수 있다는 원리를 활용하는 것으로 물에 불릴 필요 없이 빠른 시간 내에 청소할 수 있다.

1. 평소 치킨이나 튀김 등에 사용했던 식용유를 거름망에 거른다.

> Tip 단, 생선을 튀겼던 식용유는 냄새가 나므로 사용하지 않는다.

2. 칫솔에 식용유를 묻혀 주방 후드의 구석구석을 닦는다.

3. 뜨거운 물에 한 번 헹구고 마른행주로 물기를 닦는다.

> Tip 기름기가 남을 경우 먼지가 더 잘 달라붙기 때문에 뜨거운 물로 헹군 다음 마른행주로 기름기를 완전히 제거해야 한다.

냉장고 밑 숨은 먼지 제거하기

신문지를 둥글게 만 다음 펴지지 않도록 테이프로 고정한다. 긴 봉 형태로 만든 신문지를 냉장고 아래의 틈에 넣어두면 신문지의 거친 섬유소가 먼지를 흡착한다. 여러 개를 만들어 넣어두되 냉장고에서 열이 나기 때문에 신문지를 너무 빽빽하게 넣지 않도록 한다.

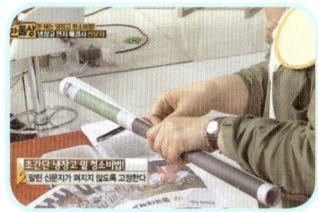 

 ## 새것으로 재탄생시키는 수저 세척법

• 100% 스테인리스 스틸 수저
냄비에 물과 약간의 식초를 넣고 팔팔 끓인 뒤 수저를 넣고 삶는다.

• 플라스틱 수저
따뜻한 물에 구연산 2큰술을 넣고 잘 녹인 뒤 세척할 수저를 넣는다. 베이킹소다 2큰술을 추가로 넣는다. 수저를 10분 정도 담갔다가 꺼내 수세미로 닦고 미지근한 물로 헹군다.

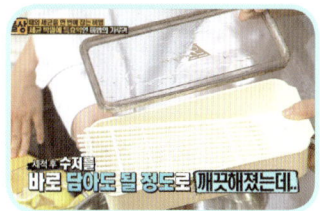

효과 만점! 친환경 세제 만들기

• 천연 세제

밀가루, 쌀뜨물, 식초를 동량으로 섞으면 완성.
거품이 나지 않아 물을 절약할 수 있고 합성세제
때문에 생기는 주부습진을 예방할 수 있다. 단,
3일 정도만 사용 가능하다.

• 오렌지 껍질 세제

잘게 썬 오렌지 껍질에 소주를 부은 다음 7일 정
도 숙성시키면 완성. 분무기에 넣고 가스레인지
나 주방 벽면에 뿌려 얼룩을 닦는다. 소주의 알
코올이 세균 증식도 막아준다.

• 시금치 세제

시금치를 다듬고 남은 부분을 소주에 담근다. 7
일 정도 숙성시킨 후 만든 세제를 분무기에 넣어
잘 닦이지 않는 찌든 기름때에 뿌린다. 5분 뒤
닦아내면 말끔히 제거된다.

물때와의 한판 전쟁, 욕실 청소

제아무리 욕실 청소를 깨끗이 해도 잠깐만 방심하면 세균과 곰팡이가 시커멓게 피어오른다. 변기는 물론 욕실 바닥, 타일 벽, 세면대, 샤워기 등 신경 써야 할 부분이 한두 가지가 아닌 습한 욕실. 쾌적한 건식 욕실로 만들기 위한 완벽 해결법을 알려준다.

물기 마를 날 없는 욕실 벽 청소하기

1. 베이킹소다와 물을 섞어 걸쭉한 상태로 만든 다음 벽에 바른다.
2. 구연산을 물에 넣어 잘 녹인 다음 베이킹소다를 바른 부분에 덧바른다.
3. 10분 뒤 미지근한 물로 헹군다.

누렇게 낀 욕실 줄눈 때 제거하기

1. 베이킹소다에 치약과 물을 섞으면 완성.
2. 만든 줄눈 청소제를 아이용 시럽 약통에 넣어 줄눈을 따라 뿌려주고 스며들 때까지 기다린 다음 칫솔로 닦는다.

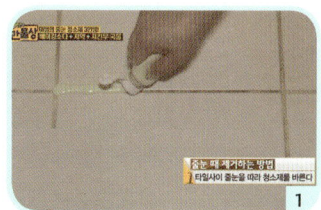

욕실 최대의 적, 변기 청소

손거울을 이용해 변기 안쪽의 숨은 때를 파악한 뒤 칫솔에 치약을 묻혀 닦는다. 이때 칫솔모가 거친 일회용 칫솔을 사용해야 더 효과적이다.

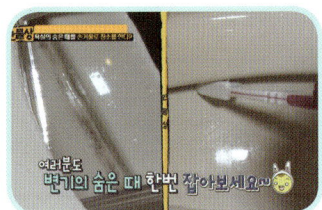

 ## 나무젓가락으로 세면대 물구멍 청소하기

1. 나무젓가락의 끝 부분을 연필 깎듯이 약 1mm 정도로 깎은 뒤 그 부분을 이용해 물 구멍 마개를 뺀다.

2. 나무젓가락을 물에 적셔 깎은 부분을 반으로 갈라지게 한 다음 물구멍에 넣고 돌 리면서 안쪽의 숨은 물때를 제거한다.

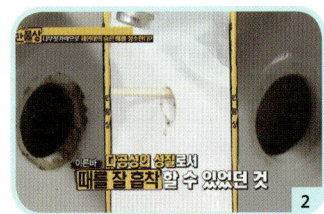

샤워기 호스 간편 세척법

1. 샤워기에서 호스를 분리해 큰 플라스틱 우유병에 넣는다.

2. 우유병의 2/3가 차도록 따뜻한 물을 넣는다.

3. 구연산과 베이킹소다를 우유병에 1큰술씩 넣고 뚜껑을 닫은 다음 흔들어주면 때가
제거된다.

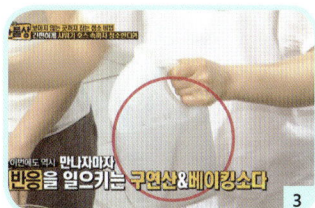

그밖의 깨알 청소 비법

More
Tip

• 마스카라로 틈새 청소하기

다 사용한 마스카라를 알코
올로 깨끗이 씻은 다음 키
보드나 전화기, 콘센트 등
의 작은 틈새를 청소한다.

• 토마토 꼭지로 녹 제거하기

토마토 꼭지로 녹슨 부분
을 살살 문지르면 토마토
의 산성이 녹을 깨끗하게
제거한다. 녹이 심할 경우
토마토케첩을 묻혀 불린
다음 닦는다.

새집으로 완벽 변신, 셀프 보수

청소로 해결할 수 없는 부분은 간단히 보수해보는 건 어떨까. 거창할 필요는 없다. 낡은 방문 변신시키기, 욕실 타일 줄눈 보수하기, 바닥 흠집 메우기 등 소소한 셀프 보수만으로도 우리 집을 새집으로 변신시킬 수 있다.

🖌 푹 파인 흠집 메우기

1. 톱밥과 목공용 풀을 섞는다.
2. 섞은 톱밥과 목공용 풀을 흠집 난 곳에 펴 바른다.
3. ②가 굳기 전에 못쓰는 카드를 이용해 깔끔히 정리한다.
4. 완전히 마르면 사포로 문질러 마무리한다.

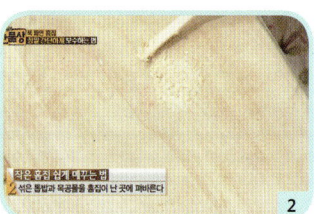

 곰팡이 핀 욕실 실리콘 보수하기

1. 칼로 욕실 바닥과 벽 사이에 있는 실리콘의 위와 아랫부분을 자른 뒤 떼어낸다.

2. 떼어내고 남은 실리콘 자투리를 칼로 말끔히 정리한다.

3. 벽과 0.7cm 떨어진 바닥 부분에 테이프를 붙인다.

4. 바닥과 0.7cm 떨어진 윗벽 부분에 테이프를 붙인다.

5. 바닥과 윗벽 테이프 사이를 가정용 실리콘으로 바른다.

6. 손에 물을 묻힌 다음 실리콘 바른 부분을 일정한 힘으로 눌러 펴준다.

7. 다시 한 번 실리콘을 정리하고 실리콘이 굳기 전에 테이프를 떼어낸다.

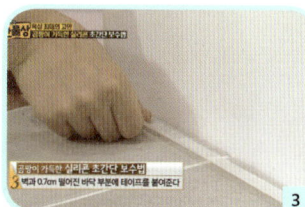
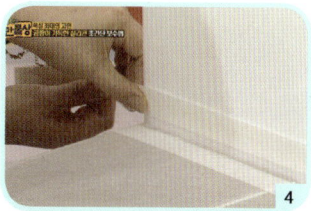
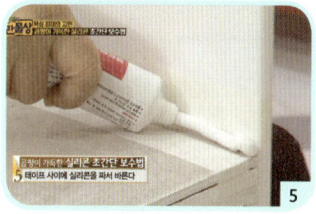
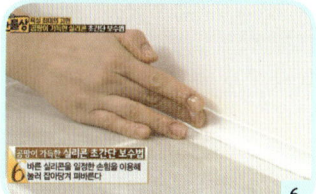

누렇게 변한 욕실 타일 줄눈 보수하기

1. 일자 드라이버로 욕실 타일 사이의 시멘트를 최대한 깊이 파낸다.

2. 백시멘트에 물을 조금씩 부어 치약 농도가 되도록 만든다.

3. 고무 헤라를 이용해 치약 농도의 백시멘트를 파낸 부분에 바른다.

> **Tip** 이때 고무 헤라로 바르고 매끈하게 다듬기를 반복한다.

4. 타일에 묻은 백시멘트는 걸레나 스펀지로 가볍게 닦는다.

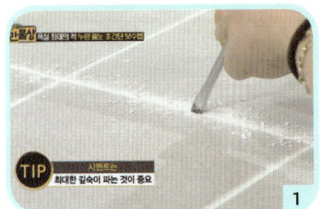  

썩은 욕실 문 새 문으로 변신시키기

1. 욕실 문의 지저분해진 페인트를 칼로 도려낸다.

2. 도려낸 부분에 핸디코트를 바른다.

3. 핸디코트가 굳으면 깔끔해지도록 사포로 문지른다.

4. 깔끔해진 부분에 수성 페인트를 칠하고 바니시로 마무리하면 완성.

 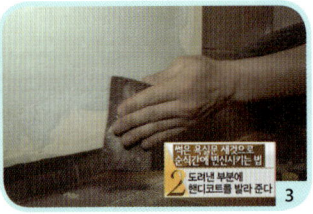 

제대로 **돈 버는 주방** 사용 설명서

프라이팬 & 냄비 오래 사용하는 노하우

무심코 한 행동 하나가 주방기기의 수명을 깎아먹는다. 매일 사용하는 냄비와 프라이팬, 살림의 고수들은 어떻게 사용할까? 어디에서도 알려주지 않는 그들의 사용 비법과 관리법에 대해 알아본다.

코팅 프라이팬 & 냄비

코팅은 인체에 들어가도 소화ㆍ흡수되지 않고 배출되는 물질이지만, 이름처럼 코팅이 생명인 소재인지라 코팅이 벗겨지지 않아야 오래 쓸 수 있다. 제품에 충격을 주면 미세한 홈이 생기는데 설거지할 때 그 부분에 마찰을 가하면 코팅이 얇아진다. 그러면 음식물이 잘 눌어 붙고 수명이 짧아진다. 따라서 되도록 충격을 가하지 않아야 하고, 요리할 때는 반드시 중불에서 2~3분간 예열해야 한다.

🍳 코팅 프라이팬 길들이기

1. 처음 사용하기 전, 프라이팬에 2/3 정도의 찬물을 붓는다.

2. 물을 2~3분간 바글바글 끓인다.

3. 끓인 물을 버리고 키친타월로 물기를 닦는다.

4. 약한 불에서 30초 정도 달군 다음 키친타월에 식용유를 묻혀 프라이팬을 문지른다.

5. ①~④의 과정을 2~3회 반복한다.

> **Tip** 코팅막이 얇은 팬일수록 더욱 효과적인 방법. 요리를 한 번 하고 나서 다시 한 번 길들이면 좋다.

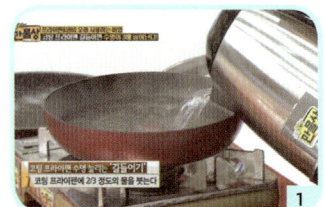  

스테인리스 스틸 프라이팬 & 냄비

주부들의 로망인 스테인리스 스틸 프라이팬과 냄비는 열전도율이 높고 열 지속력이 뛰어나 식재료의 색과 영양소를 최대한 유지해준다. 곰팡이나 유해물질, 흠집 걱정은 하지 않아도 된다. 스테인리스 스틸 제품은 바닥이 얇은 것보다 두꺼운 것이 좋다. 두꺼운 바닥일수록 열전도율이 높은 알루미늄이 들어 있어 열이 바닥에 골고루 퍼지기 때문이다. 스테인리스 스틸 제품 역시 예열한 뒤 요리해야 한다. 물을 1큰술 넣었을 때 물방울이 또르르 굴러다니거나 식용유가 왕관 모양으로 흐르면 예열이 잘 된 것. 이 상태에서 기름을 넣어야 음식물이 눌어붙지 않는다.

🥄 스테인리스 스틸 프라이팬 길들이기

1. 처음 사용하기 전, 프라이팬에 2/3 정도의 찬물을 붓는다.

2. 베이킹소다 또는 베이킹파우더를 1~2큰술 넣는다.

    Tip 불순물을 제거하고 세척하는 효과가 뛰어나다.

3. 바글바글 끓인 뒤 물을 버린다.

4. 다시 한 번 팬에 2/3 정도의 찬물을 붓고 식초 1~2큰술을 넣은 다음 3~5분간 센
불에서 끓인다.

    Tip 식초가 남아 있을지 모르는 베이킹소다를 제거하고 쇠 특유의 냄새를 없앤다.

5. 물을 버린 뒤 키친타월이나 마른행주로 깨끗이 닦는다.

유리 냄비

내용물이 보여 초보 주부들이 사용하기에
좋다. 화학물질과 반응할 위험이 없어 차를
끓일 때 약효 성분이나 색을 그대로 보존할
수 있다. 단, 차가운 냄비를 바로 가스불에
올리면 깨질 수 있으니 급격한 온도 변화는 주의할 것.

도자기 뚝배기

예열 시간이 오래 걸리지만 열 지속력이 높다. 뚝배기 자체에 숨구멍이 있어 설거지할 때 세제로 닦으면 세제가 구멍으로 들어갔다가 요리할 때 다시 나올 수 있다. 따라서 뚝배기는 반드시 쌀뜨물을 이용해 설거지할 것.

 뚝배기 길들이기

1. 처음 사용하기 전에 쌀뜨물을 뚝배기에 넣고 끓인다.

   Tip 쌀뜨물이 없으면 물에 밀가루 1큰술을 넣고 끓인다.

2. 쌀뜨물을 버리고 미온수로 씻은 뒤 키친타월로 닦는다.

3. 약한 불에서 뚝배기에 식용유를 두르고 30초간 달군 다음 키친타월로 닦는다.

   Tip 전통 뚝배기는 기름을 두르면 잘 깨지기 때문에 이 방법으로 길들이지 않는다.

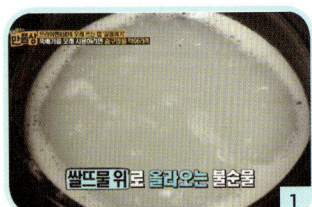  

Point

그밖에 주방기기 주의사항

- 알루미늄 소재의 냄비에 매실, 토마토 같은 산성 식품을 넣어두면 알루미늄이 배출되어 메스꺼움, 구토 등을 유발할 수 있다.
- 스테인리스 스틸 전기 주전자는 안에 있는 물을 비우지 않고 계속 놔두면 니켈이 나와 아토피나 습진 등의 피부염을 유발할 수 있다.

전기압력밥솥 사용 설명서

밥만 맛있어도 식탁이 즐겁다. 가족의 맛있는 밥을 책임지는 압력밥솥. 하지만 관리가 소홀해지면 밥이 누레지고 냄새나는 건 순식간이다. 청소와 관리가 필요한 이유다.

누런 밥의 원인, 증기구 청소하기

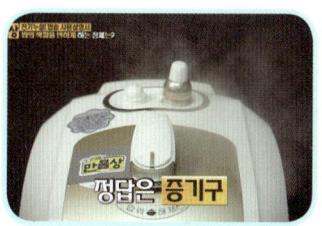

밥통 안의 밥이 누렇게 변했다면? 증기구를 청소해야 한다. 증기구는 음식 찌꺼기가 빠져나가는 구멍으로 청소를 하지 않으면 밥의 색이 변하고 냄새가 난다.

 증기구 청소하는 법

1. 솔이 부드러운 칫솔을 준비한다.
   Tip 솔이 뻣뻣하면 증기구를 마모시킬 수 있다.
2. 칫솔에 베이킹소다를 묻혀 증기가 빠져나가는 부분 전체를 닦는다.
   Tip 밥할 때마다 청소하는 것이 가장 좋지만, 적어도 일주일에 한 번씩은 청소할 것.

잘 벗겨지지 않는 증기구 묵은 때 제거하기

• 밥통에 물을 반 정도 채우고 베이킹소다를 약간 푼 다음 취사 버튼을 누른다. 물에서 나오는 수증기에 의해 증기구의 찌꺼기가 배출되면서 자동으로 청소가 된다.

• 밥통에 물과 감자 껍질을 넣는다. 10~20분 동안 취사 상태로 작동시킨 다음 물과 감자 껍질을 버리고 마른행주로 밥통을 깨끗이 닦는다. 감자 껍질의 전분이 기름 성분을 흡착하고 표백 효과도 낸다.

Point

압력밥솥 증기구 청소법
물에 베이킹파우더를 푼 다음 압력밥솥의 뚜껑을 담가놓으면 베이킹파우더가 기름때와 냄새를 제거한다.

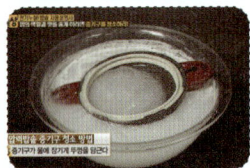

🫙 물받이와 밥통 청소

• 밥솥의 물받이에 고여 있는 물은 버리고 부드러운 칫솔로 닦거나 베이킹파우더를
푼 물에 담갔다 씻는다.

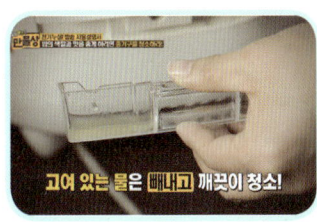 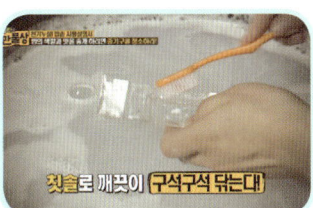

• 밥솥 내부는 밥통을 꺼낸 뒤 마른 행주로 기름기를 닦고, 밥솥을 뒤집어 이물질을
빼낸다.

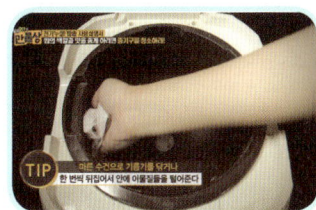 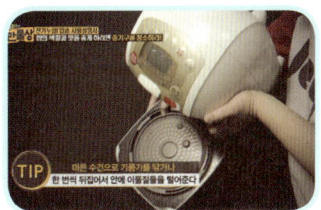

묵은 냄새의 범인, 고무 패킹 교체하기

밥에서 묵은 냄새가 난다면 오래된 고무 패
킹을 교체해야 한다. 밥 냄새를 고스란히 흡
수하는 고무 패킹은 압력을 완전히 차단하
기 위한 것이 아니라 압력이 약간 새도록 하

기 위한 것이다. 오래된 고무 패킹은 교체하지 않으면 밥솥이 폭발할 수도
있다.

 **고무 패킹 교체하는 방법**

1. 제품에 맞는 고무 패킹을 구입한다.

2. 고무 패킹의 시작 부분을 밥솥의 홈에 맞춰 끼운다.

3. 고무 패킹을 꼼꼼히 눌러 홈을 빈틈없이 채운다.

4. 뚜껑이 완전히 닫히는지 확인한다.

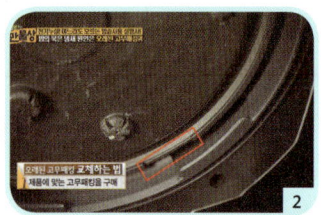

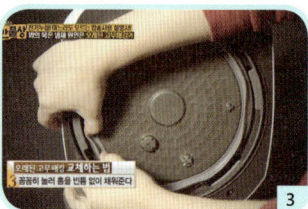

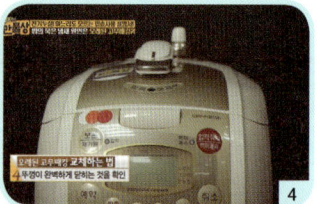

압력밥솥으로 맛있게 밥 짓는 노하우

More Tip

- 전기압력밥솥으로 밥을 할 때 밥이 다 된 다음에 바로 뚜껑을 열지 않는다. 보온 상태로 넘어간 다음 5분 정도 더 뜸을 들인다. 뜸을 들이면 밥의 맛있는 냄새와 향이 밥 안으로 고스란히 들어간다. 압력밥솥에서도 밥이 되자마자 추를 꺾어서 김을 빼지 말고 뜸을 더 들인다.

- 주걱을 세로로 세워서 밥을 젓는다. 눌러서 저으면 떡밥이 된다. 영양 성분이 아래쪽으로 내려가므로 밥이 눌리지 않게 골고루 잘 섞는다.

- 전기압력밥솥에 밥을 그대로 둔 채 보온 상태로 오래 두지 않는다. 보온은 4~5시간이 적당하다. 그 이후에는 전원을 뽑고, 밥을 한 김 식힌 뒤 냉동실에 보관한다. 단, 비닐에 밥을 넣어 보관할 때에는 미지근한 상태로 냉동실에 넣어둔다.

- 압력밥솥은 센 불에서 밥을 해야 맛있다. 쌀의 양이 적을수록 센 불로 압력을 높일 것.

야무진 **김치냉장고 청소** 테크닉

김치냉장고를 쓰다 보면 성에가 끼는데 이를 제거하지 않으면 김치냉장고의 수명이 반 이상 줄어든다. 성에를 제거하기 위해 뜨거운 물을 붓거나 뾰족한  것으로 성에를 쳐내는 행위는 절대 금물. 뾰족한 것으로 성에를 쳐내다가 자칫 냉매관을 잘못 건드리면 냉매제로 사용하는 이소부탄이 누출될 위험이 있다. 이소부탄은 가연성이기 때문에 화재가 나거나 폭발할 수 있으므로 주의해야 한다.

🧹 안전하게 성에 제거하기

1. 김치냉장고의 전원을 끄고 내용물을 모두 꺼낸다.

2. 30분 정도 기다리면 성에가 녹기 시작한다.

3. 실리콘 주걱으로 성에를 살살 긁어낸다.

> **Tip** 플라스틱 주걱이나 나무 주걱을 사용할 때에는 풍선을 씌워 사용할 것.

 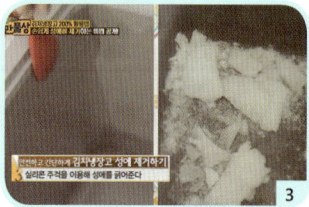 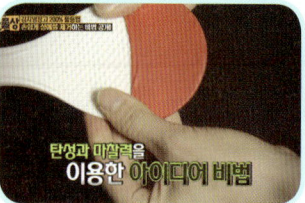

🧹 효과 만점! 설탕을 활용한 김치통 냄새 제거

1. 설탕과 물을 1 : 3 비율로 섞어 김치통의 반이 찰 정도로 넣는다.

2. 뚜껑을 닫고 20분 정도 지나면 김치통을 뒤집는다. 하루 정도 놔두면 냄새가 완벽히 제거된다.

> **Tip** 면 행주에 설탕물을 묻혀 김치냉장고를 전체적으로 닦고, 깨끗한 행주로 한두 번 더 닦으면 김치냉장고의 냄새도 제거할 수 있다.

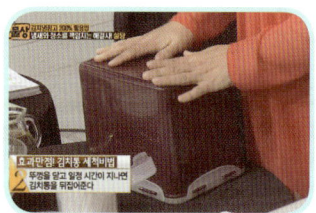

김치통 뚜껑의 패킹 세척하기

1. 김치통 뚜껑의 패킹을 손으로 탁탁 쳐서 뺀 다음 설탕과 물을 1:3 비율로 섞은 설탕물에 담근다.

   Tip 날카로운 도구를 사용해 빼면 패킹이 상할 수 있다.

2. 식초를 묻힌 면봉으로 패킹을 뺀 김치통 뚜껑의 홈을 닦는다.

   Tip 패킹은 2~3년 주기로 교체할 것.

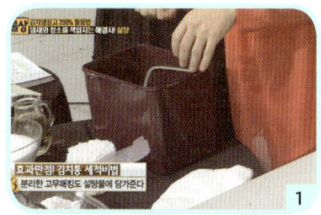 

 ## 김치냉장고 초간단 탈취 비법

1. 국물용 다시백에 베이킹소다를 넣는다.

2. 김치냉장고에 들어 있는 김치통 사이사이에 다시백을 넣는다.

   Tip 다시백은 2개월에 한 번씩 말려주기만 하면 영구적으로 사용할 수 있다. 김치냉장고 필터를 교체하면 탈취 효과가 2~3배 높아진다. 뚜껑형 김치냉장고에는 뚜껑에 필터가 있고, 스탠드형에는 칸칸마다 필터가 장착되어 있다.

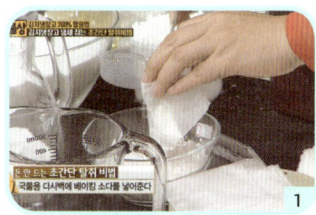 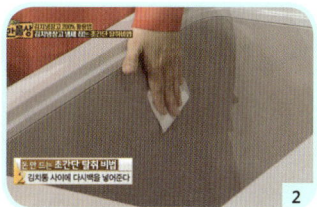

똑똑한 아이디어로 무장한 **세탁법**

가루 세제는 알칼리성 표백제로 흰옷이나 옅은 색의 옷을 세탁하기에 적합하다. 반면 색이 진한 옷을 가루 세제로 빨면 세제의 표백 성분 때문에 옷의 색이 변하고 기능까지 손상될 수 있다. 중성 세제는 세척력은 조금 떨어지지만 옷은 거의 상하지 않는다. 따라서 이 두 가지 세제를 섞어 사용하면 옷을 손상시키지 않으면서 세탁력은 높일 수 있다. 주방 세제 역시 중성 세제로, 중성세제가 없을 경우 대체해서 사용할 수 있다.

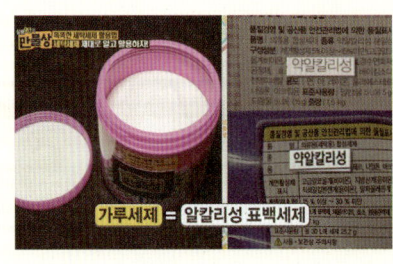

빨래의 정석, 중성 세제 + 가루 세제로 세탁하기

1. 40℃ 정도의 따뜻한 물에 중성 세제와 과탄산나트륨이 함유된 가루 세제를 1 : 1 비율로 넣고 섞는다.

   Tip 세탁물이 10~12kg인 경우 500㎖의 따뜻한 물에 중성 세제와 가루 세제를 30㎖씩 넣고 잘 섞는다.

2. 세제를 넣고 세탁한다.

   Tip 베이킹소다를 1큰술 첨가하면 더 깨끗하게 세탁할 수 있다.

   Tip 가루 세제는 반드시 물에 녹여 넣을 것. 가루를 그대로 넣어 옷과 접촉하면 옷이 탈색된다.

 중성 세제로 집에서 오리털 패딩 점퍼 세탁하기

1. 40℃ 정도의 따뜻한 물에 중성 세제와 베이킹소다를 30㎖씩 넣고 섞는다.

2. 부드러운 솔을 ①에 담갔다가 때가 많이 묻은 목둘레, 소매, 밑단 등을 문지른다.

3. 솔로 패딩 점퍼 전체를 한 번 문지른다.

4. 지퍼를 잠근 다음 패딩 점퍼를 뒤집는다.

   Tip 지퍼를 잠그지 않고 세탁기에 넣고 돌리면 패딩이 손상될 수 있다.

5. 세탁기에 패딩 점퍼를 넣고 반드시 헹굼 코스로 돌려 패딩에 물을 묻힌 다음 중성 세제와 베이킹소다를 동량으로 섞어 만든 ①을 넣는다.

6. 헹굼 코스로 약 5분 정도 세탁한 뒤 탈수한다.

7. 탈수가 끝나면 식초를 30㎖ 정도 넣고 헹굼 코스로 약 3분간 다시 세탁한 뒤 탈수

한다.

> Tip 식초가 세제의 잔유물을 제거하고 이염과 탈색을 방지한다.

8. 마지막으로 섬유유연제를 첨가하고 다시 헹굼 코스로 세탁한 뒤 탈수한다.

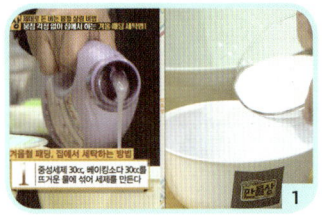

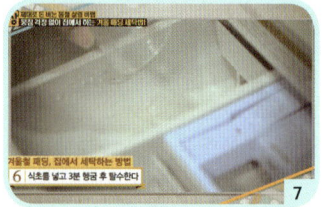

오리털 패딩 점퍼 완벽하게 건조하기

1. 세탁한 패딩 점퍼 밑에 마른 수건을 깔고 패딩 점퍼와 수건을 함께 돌돌 만다.

2. 돌돌 만 패딩 점퍼를 바닥에 치면서 물기를 빼준다.

3. 패딩 점퍼를 거꾸로 잡고 탈탈 턴다.

> Tip 아래로 쏠렸던 오리털을 위로 올리기 위한 것.

4. 패딩 점퍼를 옷걸이에 걸어 바람이 잘 부는 곳에서 말린다.

5. 다 마르면 패딩 점퍼를 손바닥으로 툭툭 쳐서 뭉친 오리털을 펴준다.

> Tip 페트병이나 옷걸이로 패딩 점퍼를 터는 행동은 절대 금지.

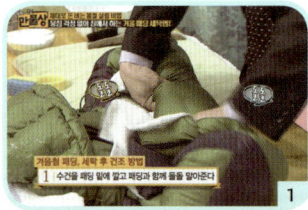
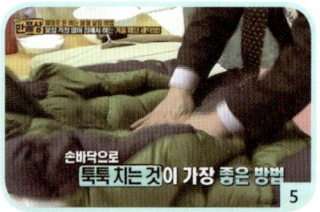

주방 세제로 오리털 패딩 점퍼 세탁하기

1. 소매, 목둘레 등 오염이 묻은 부분에 40℃ 정도의 따뜻한 물을 충분히 묻힌다.

2. 물을 묻힌 부위에 주방 세제를 묻혀 손으로 비빈다.

    Tip 옷에 바로 세제를 묻히지 말고 옷에 물을 묻힌 다음 세제를 묻혀야 한다.

3. 따뜻한 물에 헹군다.

4. 오염을 제거했으면 세탁기에 넣어 세탁한다.

5. 세숫대야 하나를 기준으로 소주 1/2잔 분량의 식초를 물에 섞은 다음 세탁 마지막
과정에 넣어 헹군다.

    Tip 섬유유연제를 사용하면 패딩 점퍼 표면의 미세한 구멍이 막힐 수 있다. 식초 대신 구연산을
사용해도 좋다.

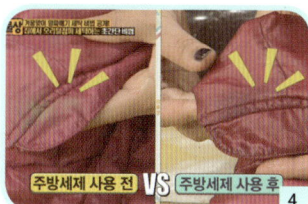

주방 세제로 스웨터 세탁하기

1. 손세탁이 가능한지 옷 안에 있는 세탁표를 먼저 확인한다.

2. 40℃ 정도의 따뜻한 물에 주방 세제를 두 번 정도 짠 다음 잘 섞는다.

3. 주방 세제를 섞은 물에 스웨터를 넣고 손으로 조물조물 빤다.

4. 스웨터를 깨끗하게 헹군 뒤 물기를 살짝 짠다.

5. 마른 수건으로 스웨터를 꾹꾹 눌러준다.

> **Tip** 스웨터는 비틀어서 탈수하면 옷이 늘어난다.

6. 건조대에 눕혀 말린다. 니트, 목도리도 같은 방법으로 세탁한다.

 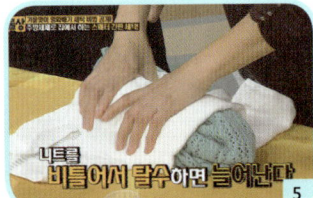 

More Tip

세탁기에서 엉키는 빨래 해결하는 방법

요구르트병 10개 정도를 세탁기에 넣고 세탁하면 옷이 엉키지 않고 세탁 효과도 20% 높아진다.

와이셔츠에 묻은 커피 얼룩 제거하기

1. 90℃ 이상의 뜨거운 물에 커피 얼룩이 묻은 와이셔츠를 담가 흔들어준다.

2. 얼룩을 뺀 와이셔츠를 세탁기에 넣어 세탁한다.

> **Tip** 탄산음료가 묻어 생긴 얼룩은 뜨거운 물에 중성 세제를 섞어 사용한다.

Health Special

100세 시대
건강 특강

얼굴을 보면 건강이 보인다

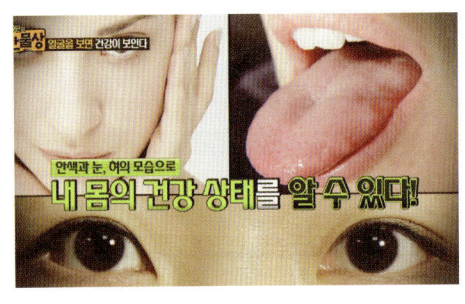

얼굴은 몸의 건강 상태를 보여주는 바로미터. 건강에 이상이 생기면 몸 내부에서 얼굴로 신호를 보내기 때문에 안색, 눈, 혀를 보면 내 몸의 건강 상태를 알 수 있다.

보통 의사들이 환자를 볼 때 가장 먼저 살피는 부분이 바로 피부 상태다. 피부는 전신 건강을 나타내는 창이기 때문이다. 눈은 몸 안의 혈관 상태를 알려주고, 혀는 소화기관과 호흡기관의 시작점으로 오장육부의 상태를 나타낸다.

건강 상태를 표현하는 얼굴빛, 안색

건강한 사람의 안색은 아이의 얼굴빛처럼 밝고 맑다. 나이가 들면서 독소에

노출되고 영양 상태가 불균형을 이루면서 안색도 변하게 된다. 한의학에서는 얼굴이 푸르면 간이, 붉으면 심장이, 누렇게 되면 비장이, 하얗게 되면 폐가, 검게 변하면 신장에 이상이 있다고 본다.

홍채가 질병의 힌트, 눈

안색과 함께 중요하게 관찰해야 하는 부분이 눈이다. 눈은 마음의 창으로, 감정과 생각을 표현하면서 건강 상태도 보여준다. 망막을 통해 동맥이나 정맥의 흐름을 파

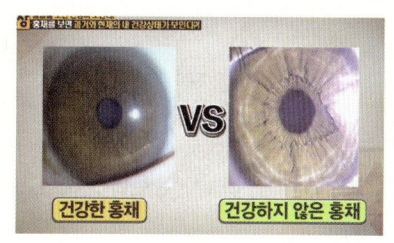

악할 수 있고 흰자위의 상태에 따라 여러 질병을 의심할 수 있다. 흰자위의 색이 심할 정도로 노랗게 되면 간암, 담낭암, 췌장암, 담도암을 의심할 수 있으며 몸이 피곤하거나 무리했을 때에는 흰자위에 빨간 점이 보인다.

특히 홍채를 통해 선천적인 허약함과 후천적인 병소(병원균이 모여 있어 조직에 병적 변화를 일으키는 자리)를 가늠할 수 있다. 건강한 홍채는 색이 균일하고 구멍이나 빗금, 주름 등의 무늬가 적으며 호빵처럼 부풀어 있는데 반해 건강하지 않은 홍채는 가운데에 있는 자율신경선(동공과 눈동자 사이에 울타리 모양의 막으로 둘러싸고 있는 선)이 늘어져 있고 전체적으로 납작하

다. 단, 홍채의 모양이 몸 전체의 건강을 말하는 것은 아니므로 홍채의 상태
는 앞으로의 질병을 예방하는 차원에서 참고하도록 한다.

More
Tip

홍채로 보는 건강 상태

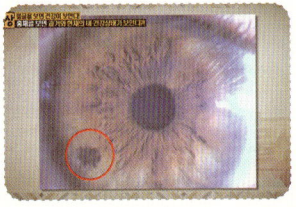

착색 과다 홍채는 선천적으로 간과 췌장이 약하
다는 것을 의미한다.

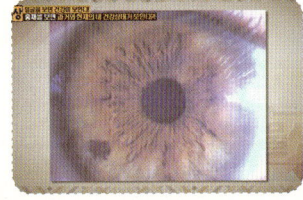

노란 홍채는 세포의 인슐린 감수성이 떨어지는
당뇨 체질임을 나타낸다.

홍채 밑에 연한 갈색 선이 있으면 중성지방 과다
로 간에 지방이 침착되었음을 나타낸다. 고지혈
증이나 지방간 환자의 홍채가 이런 모양이다.

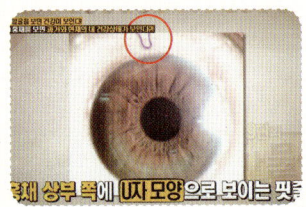

홍채 상부에 U자 모양의 핏줄이 보이거나 하얗
게 변하면 선천적인 뇌졸중을 의심할 수 있다.
뇌혈관에 취약한 유전인자를 갖고 있다.

286

색으로 나타내는 건강 신호, 혀

혀의 모양, 색깔, 움직임을 통해 건강 상태를 진단할 수 있다. 예를 들어 혀를 내밀었을 때 한쪽으로 휘면 중추성 안면 신경마비나 12 번 뇌 신경마비를 의심할 수 있다. 건강한 혀는 선홍색으로 적당히 붉고 윤기가 있으며, 설태가 얇게 퍼져 있다. 다음은 혀로 예측할 수 있는 질환이다.

- 혀에 핏기가 없으면 혈액이 부족한 상태. 너무 붉으면 심장에 열이 많은 것이다.
- 혀의 색이 갈색이면 위장병, 청자색이면 선천성 심장 기형이나 호흡기·순환기 계통의 장애를 의심할 수 있다.
- 혀의 색이 흑색이면 항생제 과다 복용을 의심할 수 있다.
- 백태는 과로, 스트레스 등으로 피로가 쌓이면 생기는데 건강 상태가 좋아지면 바로 사라진다. 황태는 몸의 열증과 속병이 있는 상태, 흑태는 중병을 앓고 있는 상태를 의미한다. 혓바늘은 극심한 스트레스 상태이거나 고열을 동반한 감염성 질환을 앓고 있음을 나타낸다.

안면 비대칭은 건강의 적신호

안면 비대칭은 두개골과 전신 체형의 불균형을 동반하므로 반드시 주의 깊게 살펴봐야 한다. 두개골과 골반은 척추를 기준으로 대칭을 이루기 때문에 척

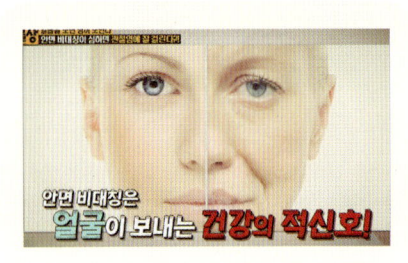

추나 골반이 틀어지면 안면 비대 칭이 심해진다. 평소 신발의 한쪽 굽이 더 닳는 사람, 목걸이나 치마 의 중심선이 자주 돌아가는 사람, 화장할 때 눈썹 높이가 다른 사람 이라면 안면 비대칭을 의심해봐야 한다.

안면 비대칭으로 골반이 틀어지면 골반에 있는 자궁의 기능도 원활하지 않 다. 또 주변 관절과 인대에 무리가 가면서 고관절 통증이 찾아오고 점차 무릎 이 아프게 된다. 심각한 경우에는 발가락 관절까지 뒤틀리고 퇴행성 관절염 도 빠르게 진행된다.

골반을 포함한 골격은 나이가 들수록 퍼진다. 척추를 중심으로 몸 전체가 척 추에 가깝게 있어야 에너지 효율이 높아지는데 골격이 벌어지면 에너지 효율 이 낮아져 금세 지치게 된다. 따라서 나이가 들수록 골격이 퍼지는 현상을 막 아야 한다. 그러려면 무엇보다 근력이 필요하다. 빨리 걷기나 달리기처럼 골 격을 좁혀주는 운동을 꾸준히 하면 효과를 볼 수 있다.

🏋 안면 비대칭 자가 진단법

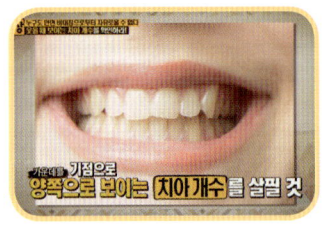

치아가 보이도록 입을 활짝 벌린 후 양쪽 치아 개수를 세어보면 대칭인지 비대칭인지 확인할 수 있다. 눈에 보이는 치아 개수가 두 개 이상 차 이 나면 심각한 안면 비대칭. 또 치아 크기가 달 라 보이면 한쪽 뼈가 내려온 것이다.

💪 전신 비대칭 자가 진단법

종이를 한쪽 발밑에 깔고 숙일 수 있는 만큼 허리를 숙인다. 이때 어느 발밑에 종이를 깔았느냐에 따라 팔이 내려가는 정도가 다르다. 전신 비대칭으로 인한 다리 길이의 차이를 확인하는 방법으로, 팔이 더 많이 내려가는 쪽을 파악해서 그 발의 신발에 깔창을 깔아 균형을 맞춘다.

💪 비대칭 몸을 바로잡는 습관

• 걸을 때 무릎을 1cm 더 든다. 이렇게 하면 몸이 달릴 때의 자세로 바뀌면서 걸을 때에도 달리는 효과를 얻을 수 있다. 2~3주 정도 진행하면 점차 몸의 균형이 맞춰지는 것을 느낄 수 있다.
• 소파에 앉아 무릎 사이에 500ml 페트병이나 테니스공을 끼고 떨어지지 않도록 힘을 준다. 이는 중심 근육을 모으는 좋은 방법이다.

💪 점점 벌어지는 다리 안쪽 근육 강화 운동

1. 옆으로 누운 자세에서 위쪽 다리를 의자에 올려놓는다.
2. 바닥에 있는 다리를 들었다 내렸다 반복한다. 이때 의자의 아랫면에 발끝이 닿게 올릴 것.
3. 10초 정도 자세를 유지한 후 반대로 돌아 같은 동작을 반복한다.

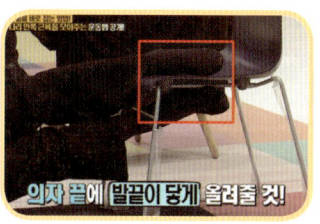

눈 건강 프로젝트

'몸이 천 냥이면 눈은 구백 냥'이라는 말이 있을 정도로 눈 건강은 매우 중요하다. 몸이 피곤하면 가장 먼저 반응이 오는 부분도 바로 눈. 뇌가 처리하는 정보의 80%가 눈을 통해 들어오기 때문에 굉장히 많은 에너지가 눈에서 소비된다. 특히 40대가 넘으면 몸의 노화와 함께 노안 증상이 시작된다. 노안은 노화 현상 중 하나로 누구도 피할 수 없다. 하지만 주기적으로 눈 건강 검진을 받고 조금만 신경 쓰면 충분히 늦출 수는 있다.

젊어서도 걸리는 노안

눈에 빛이 들어오면 수정체에서 굴절돼 망막에 상이 맺힌다. 물체를 가까이에서 볼 때는 수정체가 두꺼워지고 멀리 볼 때는 얇아지는데, 나이가 들면 피부처럼 수정체의 탄력이 떨어져 이런 조절 능력이 떨어지게 된다. 노안이 시작되면 백내장, 녹내장, 황반변성, 안구건조증 등의 질환이 따라오기 때문에 특히 눈 건강에 신경 써야 한다. 최근에는 노안이 빨리 시작되는 추세. 노안 증상은 원래 45세 전후로 나타나지만, 최근에는 30대 후반부터 나타나고 있으므로 노화 관리가 필요하다.

뻑뻑하고 콕콕 쑤시는 안구건조증

눈은 끈끈이 층, 수성층, 기름층으로 덮여 있는데 이 세 가지 성분을 모두 갖춰야 건조증이 생기지 않는다. 안구건조증을 예방하려면 공기가 탁하거나 밀폐된 곳은 피한다. 1분에 15~20회 정도로 눈을 깜빡이고 비타민 A와 항산화 물질을 많이 섭취해야 한다. 안구건조증은 피곤할 때 자주 발생하므로 스트레스에서 벗어나야 한다. 나에게 맞는 인공눈물을 사용하고 누점폐쇄술을 받는 것도 좋은 방법. 또 알레르기, 가려움증, 여드름, 일부 고혈압 질환의 약들이 안구건조증을 발생시킬 수 있으니 주의한다.

More Tip

노안을 치료하는 수술이 있다!

한쪽 손을 주로 사용하듯이 눈도 주시안과 비주시안이 있다. 멀리 떨어진 물체를 볼 때 한쪽 눈으로만 보게 되는데, 그 눈이 주시안이다. 비주시안은 입체감과 원근감을 담당한다. 노안 수술의 원리는 비주시안의 눈이 가깝게 볼 수 있도록 해주는 것이다.
노안 수술을 하려면 우선 노인성 안과 질환이 없는지 확인한다. 그리고 수술한 뒤 최소한 두 달은 적응해야 한다. 노안 수술은 일상생활이 가능한 정도로 시력을 회복하는 것이지, 시력이 갑자기 아주 좋아지는 것은 아니라는 점도 명심할 것.

뿌연 세상을 보여주는 백내장

백내장은 유리에 성에가 낀 것처럼 수정체에 혼탁이 생겨 뿌옇게 보이는 질환이다. 60대는 50%, 80대에 이르면 100%가 백내장을 겪는다. 백내장이 생기면 수정체

가 딱딱해지면서 굴절력이 올라가 가까운 곳이 잘 보인다. 이는 백내장 초기 증상으로 안과를 방문해 검사해야 한다. 백내장은 수술로 대부분 완치된다.

실명의 위험이 도사리는 녹내장

눈의 형태는 적당한 압력이 있어야 유지된다. 그런데 안압이 높아지면 시신경을 압박해 시야가 줄어드는데 이런 증상을 녹내장이라고 한다. 녹내장의 또 다른 원인은

혈액순환 장애. 당뇨와 고혈압 환자, 고도 근시인 사람이 혈액순환 문제를 갖고 있다면 녹내장에 걸릴 확률이 높다. 특히 안압이 급격하게 올라가면서 두통과 구토 등의 증세를 동반하는 급성 녹내장은 제때 응급처치를 받지 못하면 실명할 수도 있다. 녹내장이 시작되면 이미 시신경이 많이 죽은 상태. 따라서 반드시 조기 검진을 통해 예방해야 한다.

노안 해결의 열쇠

2010 운동으로 눈을 쉬게 한다

책을 읽거나 컴퓨터 작업을 많이 하다 보면 눈은 쉽게 피로해진다. 20분 집중했다면 최소 10초는 눈을 쉬게 한다. 눈과 책의 거리는 30cm를 유지하고, 휴식할 때는 3m 이상 멀리 볼 것.

빛을 줄인다

너무 밝은 빛도 눈에 좋지 않다. 집안의 형광등을 반으로 줄이고 깜박임이 없는 LED 조명을 사용한다. 형광등보다 깜박거림이 덜하고 사람의 마음을 안정시키는 백열등도 눈에 좋다.

눈에 좋은 음식을 먹는다

• 천연 눈물약, 오메가 3가 풍부한 들깨

노년기에 잘 생기는 황반변성에 꼭 필요한 성분. 오메가 3는 눈의 지방층을 형성할 뿐 아니라 안구 표면의 염증을 억제한다. 특히 오메가 3의 지방산 중 DHA가 눈에 좋다.

• 눈 필수 영양제, 셀레늄과 아연이 풍부한 굴

강력한 항노화 성분인 셀레늄은 수정체를 싸고 있는 섬유막을 보호해 백내장을 예방한다. 또 시신경에 집중적으로 분포된 아연은 황반변성을 막아준다. 굴 이외에도 현미와 마늘에는 셀레늄이, 콩이나 밀에는 아연이 풍부하다.

• 눈의 항산화제, 루테인이 풍부한 바나나

색을 구별하고 시력을 관장하는 황반부의 주성분이 루테인이다. 이 성분은 인체에서 합성할 수 없으므로 반드시 음식을 통해 섭취해야 한다. 노란색을 띠는 바나나, 당근, 고구마, 달걀노른자에 풍부하다.

어깨를 편다

어깨를 펴면 허리가 자동으로 펴지면서 눈으로 가는 혈액의 흐름이 좋아져 눈이 맑아진다. 추천하는 자세는 무릎 꿇고 앉기. 허리에 골이 생기면서 골반이 바르게 자리를 잡아 허리와 어깨, 목이 자동으로 펴진다. 의자에 어깨를 펴고 허리를 세워 앉는 것도 좋다. 의자에 걸터앉거나 다리를 꼬지 말고 엉덩이를 뒤로 바짝 붙여 앉는다.

눈의 혈자리를 지압한다

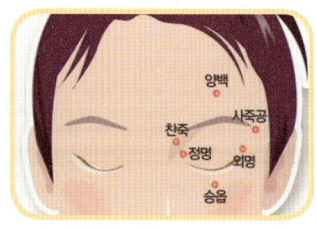

눈썹의 시작과 끝, 눈동자의 안쪽과 바깥쪽, 눈썹의 위와 아래에 혈자리가 있다. 세수할 때 이 혈자리만 지압해도 눈이 좋아진다.

🏋️ 눈이 맑아지고 좋아지는 혈자리 지압법

1. 검지와 중지로 양쪽 눈의 안와(눈을 담고 있는 뼈)를 따라서 원을 밖으로 7회 그린다.

2. 반대로 원을 안으로 7회 그린다.

3. 눈을 감고 눈꺼풀을 밖으로 7회 밀어낸다.

> **Tip** 눈꺼풀과 함께 속눈썹의 비듬을 같이 쓸어주면 안검염을 예방할 수 있다.

4. ①~③을 3회 반복한다. 너무 강한 힘으로 누르지 말고 부드럽게 지압하는 것이 포인트.

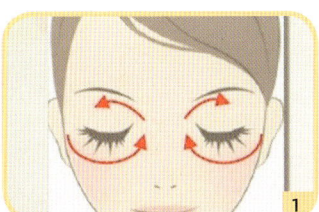 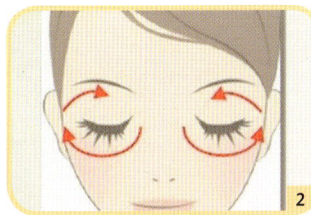 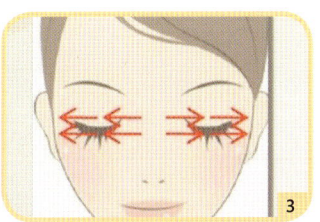

정제된 백색가루(설탕, 밀가루, 소금)를 피한다

백설탕은 시신경과 말초신경을 약하게 만든다. 산성 음식인 밀가루는 몸을 산화시켜 눈이 충혈되고 중성지방 수치를 높여 황반변성 발생률을 높인다.

내 목이 보내는 경고

무거운 머리를 받치는 목은 척수신경이 지나가는 유일한 통로. 척수신경은 뇌에서부터 몸으로 내려가는 신경과 몸에서 뇌로 올라가는 신경을 합친 것으로, 목 건강이 좋지 않아 척수신경이 손상되면 심각한 장애를 입을 수 있다. 현대인들은 잘못된 자세와 습관으로 인해 대부분 목 질환을 앓고 있는데, 가벼운 증상이라도 지속되면 심각한 질환으로 발전될 수 있으므로 초기에 관리해야 한다. 여기에서는 지긋지긋한 목 통증을 동반하는 대표 목 질환에 대해 알아보자.

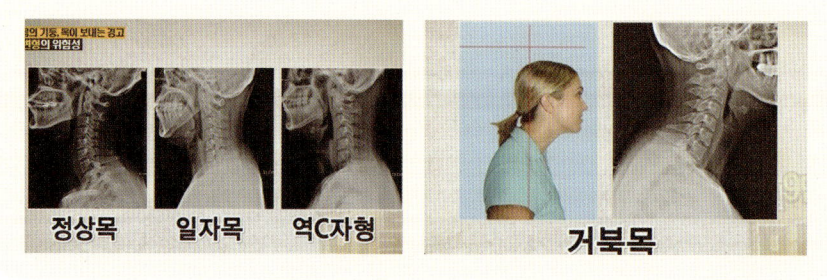

만성피로와 통증 유발, 일자목

목은 C자, 등은 거꾸로 C자, 허리는 다시 C자로, 전체적으로 몸이 S자를 이루어야 충격을 받아도 완화할 수 있다. 그런데 목이 'C'자형에서 '1'자형으로 변형이 일어난 일자목은 힘을 많이 받게 되면서 목 근육이 돌처럼 딱딱하게 굳어 심한 통증을 느끼게 된다.

목 디스크의 전조, 역C자 목

일자목에서 더 진행되면 발생하는 역C자 목은 정상 목과 반대로 곡선을 이루어 충격을 크게 받는다. 더 큰 문제는 오래 지속되면 목 디스크로 진행되는 것. 거북목 역시 이와 비슷한데, 거북처럼 목을 앞으로 쭉 빼고 몸을 움츠리다 보면 등과 허리까지 굽게 된다.

완치가 쉽지 않은 질환, 목 디스크

보통 목 디스크라고 하면 뼈와 뼈 사이에 있는 원판인 디스크가 튀어나와 신경을 누르는 '추간판탈출증'을 말한다. 목 디스크 환자 중 80%는 비수술로 치료할 수 있다. 단, 운동신경에 마비가 왔을 때는 반드시 수술을 받아야 한다. 예를 들면 갑자기 달리려고 하는데 달릴 수 없을 때, 중심을 못 잡거나 손으로 하는 미세한 작업을 할 수 없는 경우가 이에 해당한다. 목 디스크가 있으면 허리 디스크 질환에 걸릴 가능성도 크다. 목 자세가 좋지 않으면 대부분 허리 자세도 안 좋아지기 때문이다.

목을 원상 복귀시키는 올바른 자세

목이 변형되면 다양한 증상이 나타난다. 지속해서 어깨와 목덜미가 무겁게 느껴지고, 목이 뻐근해서 습관적으로 목을 돌리게 된다. 심한 두통과 뒷목에 통증이 있고, 눈이 뻑뻑하며 손이 저리다. 이런 증상이 나타나면 병원에서 전문적인 치료를 받아야 하지만, 뻐근함이 살짝 느껴지는 단계라면 앉는 자세만 교정하더라도 목을 바로잡을 수 있다.

배를 내밀지 말고 엉덩이를 살짝 뒤로 뺀 상태에서 허리가 안으로 곡선을 이루도록 몸을 똑바로 펴준다. 이때 계속해서 허리를 의식적으로 위로 펴줄 것. 의자에 앉을 때는 허리를 구부린 채 엉덩이를 먼저 의자 끝에 완전히 붙이고, 허리를 동그랗게 말아 올리듯 펴면서 앉는다.

목 건강 지키는 생활습관

팔을 베고 자거나 엎드려 자는 것을 피한다

잠잘 때 특정 자세를 오래 유지하면 몸의 균형이 깨질 수 있다. 특히 엎드려 자는 것은 피한다. 옆으로 누워 잘 때는 다리 사이에 베개를 끼면 척추가 흔들리지 않아 편한 자세를 유지할 수 있다.

내게 맞는 베개를 선택한다

너무 높거나 낮은 베개는 좋지 않다. 높은 베개를 베면 목 뒤쪽의 근육이 늘어나 좋지 않고, 낮은 베개를 베면 목을 장시간 젖히고 자게 된다. 따라서 사람마다 맞는 베개의 높이가 다르므로 다양한 베개를 사용해보고 본인에게 맞는 베개를 찾아야 한다.

 목 통증 잡는 초간편 스트레칭

1. 똑바로 서서 양손으로 수건의 양 끝을 잡은 다음 목 뒤에 건다.

2. 팔로 수건을 당기면서 고개만 뒤로 젖힌다. 이때 숨을 참았다가 고개를 젖힐 때 숨을 내쉴 것.

3. 고개를 젖힌 채 눈을 감고 10초 정도 자세를 유지한다.

> **Tip** 30회 1세트를 3~5세트 지속적으로 실시한다.

좋은 베개 고르는 노하우

More Tip

• 목 형태에 따라 매만질 수 있는 베개를 선택한다. 오리털이나 거위털 베개가 가장 좋다.

• 목이 항상 뻐근하면서 당기고, 편두통이 자주 오거나 조금만 앉아 있어도 허리 통증이 심하면 기능성 베개를 사용해야 한다. 기능성 베개 중에서도 패드를 넣었다 빼면서 높이를 조절할 수 있는 것을 구입할 것.

• 베개의 높이는 지면에서 8~10cm 정도가 적당하다. 옆으로 누웠을 때 어깨가 눌리지 않고 목이 처지지 않아야 한다.

• 목침은 스트레칭하듯 10분 정도만 사용하는 것이 효과적이다. 오랜 시간 사용은 금물.

• 곡물을 채운 베개를 사용할 때는 너무 많은 양을 넣지 않도록 한다. 곡물을 적당량 넣어 부드럽고 푹신하게 만들어야 목 건강에 좋다.

굳어버린 **어깨, 통증을 잡아라**

묵직한 돌덩이가 얹혀 있는 듯 뻣뻣한 어깨 질환은 나이와 상관없이 갑자기 찾아온다. 보통 어깨 질환의 95%는 어깨 자체의 병 때문에 생기고 나머지 5%는 목 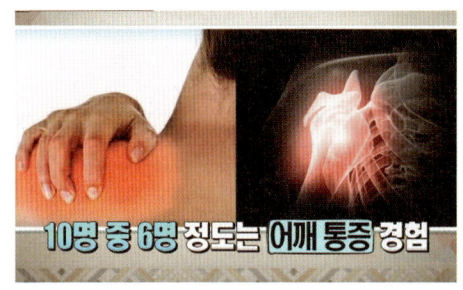 질환과 연관이 있다. 요즘에는 스마트폰이나 컴퓨터를 사용할 때 취하는 나쁜 자세로 인해 정상적으로 뒤에 있어야 할 어깨 근육과 뼈가 앞으로 모이면서 어깨 통증이 생긴다. 대표적인 어깨 질환에는 오십견을 비롯해 충돌증후군과 회전근개 파열 등이 있다. 어깨 질환의 대표적인 증상은 다음과 같다.

• 팔을 들어 올릴 때 통증이 심해진다.

• 통증으로 인해 밤에 잠에서 깨거나 옆으로 누웠을 때 통증이 심해진다.

• 팔을 움직일 때 어깨 속에 걸리는 느낌이 있고, 소리가 난다.

• 팔을 부딪치거나 다친 적이 없는데 팔을 조금만 움직여도 아프다.

딱딱하게 굳은 어깨, 오십견

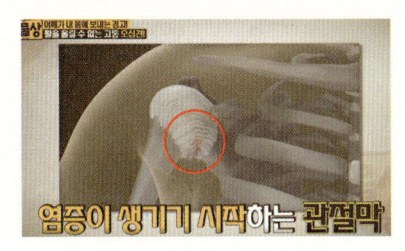

오십견의 정확한 명칭은 동결견으로 어깨가 굳었다는 의미다. 동결견은 나이가 들면서 관절막에 염증이 생겨 관절이 굳게 되는 것으로 심해지면 1년 반~3년 후에는 팔이 정상적으로 올라가지 않는다. 어깨의 활동 반경이 축소되면서 통증 부위가 늘어나고 팔꿈치까지 아프게 된다. 이런 퇴행성 변화 외에도 어깨를 앞으로 웅크리는 자세를 오래 하면 관절막이 쪼그라들어 동결견이 생긴다. 환자마다 동결견의 증상이 다르지만 엑스레이나 초음파, MRI를 통해 증상을 먼저 확인하면 90%가 수술을 받지 않고도 치료할 수 있다.

가장 흔한 어깨 질환, 충돌증후군

근육과 힘줄이 어깨뼈와 부딪히는 증상으로 오십견보다 더 흔하게 발병된다. 충돌증후군이 있으면 팔을 70~120도 사이로 들었을 때 통증을 느낀다. 충돌증후군의

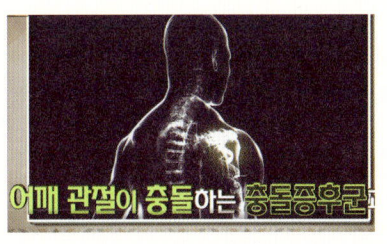

치료는 먼저 주사와 약물 요법으로 통증을 완화하고, 통증이 완화되면 관절의 운동 범위를 확보해주는 운동 요법을 실시한다.

근육이 파열되는 통증, 회전근개 파열

어깨를 회전시키는 근육이 파열되어 생기는 증상으로 충돌증후군이 진행되면서 생긴다. 팔을 강도 높게 사용하면 힘줄이 마모되면서 파열돼 통증을 유발한다. 이런

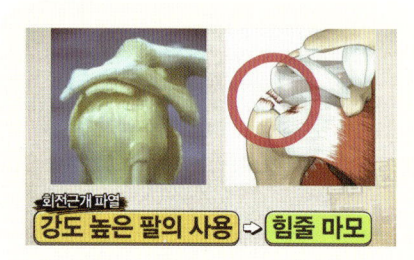

증상이 몇 개월 지속되면 팔의 힘이 떨어지고, 더 심해지면 팔을 아예 움직일 수 없게 된다. 외상에 의해 파열된 힘줄은 수술을 받고 나면 재생되지만, 마모에 의한 퇴행성 파열은 100% 재생되지 않고 일상생활이 가능한 정도로만 회복한다.

🏋 어깨 질환 자가 진단법

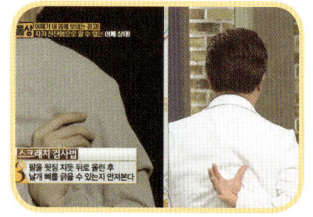

• 어깨 통증이 있는 팔로 통증이 없는 반대쪽 어깨를 살살 긁듯이 만진다. 이때 통증이 있는 어깨의 앞이나 뒤쪽에서 아픈 곳이 어딘지 만져본다.
• 통증이 있는 팔을 그대로 뒤로 넘겨 어깨 뒷부분에 올라온 뼈를 긁어주듯이 만져본다. 정확히 날개뼈를 만질 수 있어야 정상이다.
• 팔을 뒷짐 지듯 뒤로 올린 후 날개뼈를 긁을 수 있는지 만져본다. 여성의 경우, 손을 뒤로 해서 브래지어를 착용하기 힘들다면 의사의 진단을 받아봐야 한다.

💪 어깨 건강 지키는 으쓱 체조법

1. 고무줄을 어깨 너비로 둥글게 묶는다.

2. 팔꿈치를 몸에 붙이고 가슴을 쫙 편다.

3. 양손으로 고무줄의 양 끝을 잡고 바깥 방향으로 늘려준다.

> **Tip** 이때 날개뼈가 서로 모일 수 있게 고무줄을 최대한 당긴 다음 5초간 유지한다.

4. 10~15회가 1세트로 3세트 반복한다.

> **Tip** 체조를 할 때 어깨 뒤나 옆에 통증이 있으면 계속해도 되지만 어깨 앞쪽이 아프면 횟수를 줄이거나 중단한다.

💪 침대나 책상 이용해서 팔꿈치 푸쉬업하기

책상이나 침대에 팔꿈치를 대고 팔굽혀펴기를 하면서 날개뼈를 모아준다. 내려가서 5초, 올라가서 5초간 자세를 유지한다. 이때 엉덩이를 쭉 빼거나 엉덩이만 뺐다 넣었다 하지 않고 몸을 곧게 펴야 한다.

무릎의 경고

무릎 관절은 우리 몸에서 가장 큰 뼈인 허벅다리 뼈(넙다리뼈)와 정강이뼈를 잇는다. 몸을 세워 자연스럽게 보행할 수 있도록 해주는 관절로, 체중을 지탱하고 충격을 완충해주는 매우 중요한 역할을 한다. 하지만 무릎 관절은 충격을 받으면 쉽게 손상되고 한 번 손상되면 회복이 불가능하다. 따라서 무엇보다 조기에 발견해 치료하는 것이 중요하다. 무릎뿐 아니라 관절에 많이 발생하는 관절염에는 류마티스 관절염과 퇴행성 관절염이 있다. 다음은 무릎 관절이 손상됐을 때 나타나는 증상이다.

- 무릎이 뻣뻣하고 잘 붓는다.
- 춥거나 습기가 많은 날 무릎에 통증이 느껴진다.
- 무릎에서 '뚝' 소리가 나면서 아프다. 단, 무릎에서 소리가 나도 통증이 없다면 안심해도 된다.
- 걸을 때, 계단 오르내릴 때, 차에 타고 내릴 때 무릎이 더 아프다.

완치가 어려운 희귀병, 류마티스 관절염

자가면역 질환의 일종으로 우리나라 인구의 1% 미만에게 나타나는 희귀병이다. 손가락, 손목, 팔꿈치 같은 비교적 작은 관절에 주로 발생한다.

노화의 증상, 퇴행성 관절염

몸이 노화하면서 연골이 닳아 자연스레 생기는 관절염. 체중을 지탱하는 고관절, 무릎, 발목 등 큰 관절에 발생한다. 퇴행성 관절염은 노화의 한 증상으로 진행형이다. 따라서 치료를 받는다고 기능을 되돌릴 수는 없으며, 더 심해지지 않게 관리하는 것이 최선이다. 체중이 1kg 증가하면 각 무릎에 2~3배 이상의 하중이 전해지기 때문에 체중 관리에도 신경 써야 한다.

퇴행성 관절염 자가 진단법

차려 자세에서 무릎과 무릎 사이에 주먹을 넣어본다. 주먹이 들어가면 퇴행성 관절염이 진행되고 있는 것. 나이가 들면서 안쪽 연골이 더 많이 닳아 다리가 전체적으로 'O자'가 되기 때문이다.

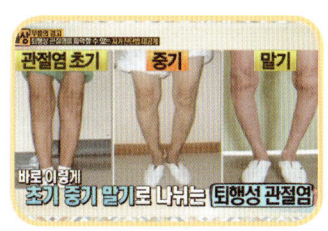

무릎 건강 지키는 비법

칼슘보다 비타민 D를 보충한다

비타민 D는 칼슘의 흡수를 도울 뿐만 아니라 골다공증을 예방하고 뼈와 근육을 강화해준다. 햇빛을 통해 비타민 D를 얻을 수 있는데, 자외선이 가장 강한 대낮(12~2시)에 팔다리를 걷은 채 10~20분 정도 햇볕을 쬔다. 음식을 통해 비타민 D를 얻는 방법도 있다. 연어, 참치, 고등어 같은 등푸른 생선과 달걀 노른자, 햇볕에 말린 버섯 등을 섭취하면 된다.

허벅지 근육을 키운다

허벅지 근육은 골반부터 무릎 전체를 감싼다. 그렇기 때문에 허벅지 근육을 강화하면 무릎이 안정되고 무릎으로 가는 충격을 허벅지가 흡수한다. 혈액순환도 좋아져 연골 손상을 예방할 수 있고 무릎 회복력도 강화된다.

🏋 허벅지 근육을 단련하는 다리 거상 운동

1. 두 다리를 붙인 채 의자에 앉는다.
2. 한쪽 무릎을 쭉 펴고 발목을 힘껏 당겨 올린다.
3. 다리를 올린 상태에서 5~10초간 유지한 후 다리를 내린다.
4. 반대쪽 다리도 같은 방법으로 실시한다.

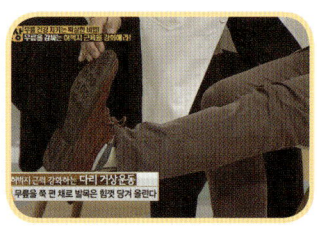

Tip 누워서 하는 것이 더 좋다. 양쪽 다리를 번갈아가며 10회씩 1세트, 총 3세트 실시한다.

몸을 뜨겁게 한다

찬바람이 불고 습기가 많은 날일수록 무릎에 손상이 많이 간다. 이때 관절을 따뜻하게 하면 무릎이 부드럽게 움직여진다. 또 혈액순환과 염증 제거에도 효과적이다. 관절을 따뜻하게 하는 가장 쉬운 방법은 찜질. 피부뿐 아니라 무릎 안쪽까지 열을 전달해야 하므로 적당한 온도로 15~20분 정도 찜질한다.

🏋️ 몸을 뜨겁게 하는 홍고추 찜질법

홍고추의 캡사이신을 이용해 통각을 마비시키는 방법으로 혈액순환을 촉진한다. 고추즙을 밀가루와 함께 반죽해서 팩처럼 붙여도 좋다. 단, 되도록 피부에 직접 고추를 붙이지는 말 것.

1. 홍고추 3~4개를 준비한 다음 꼭지를 떼고 씨와 함께 잘게 썬다.

2. 냄비에 잘게 썬 고추를 넣고 물 200ml를 넣는다.

3. 물의 양이 반이 될 때까지 졸인다.

4. 거즈에 ③의 고추즙을 적신 후 물이 떨어지지 않을 정도로만 살짝 짠다.

5. 거즈에 온기가 남아 있을 때 무릎에 10분간 대고 찜질한다.

무릎에 좋은 음식을 먹는다

• 기름기 없는 고기

살코기의 완전 단백질을 먹으면 근력을 유지할 수 있어 무릎 건강에 매우 좋다. 같은 육류라도 삼겹살 대신 안심, 우둔살, 홍두깨살을 먹는다.

• 그린 홍합

염증을 유발하는 물질을 억제하고 염증을 제거하는 오메가 3가 풍부하다.

• 우슬

소의 무릎과 닮아서 붙여진 이름의 채소로 염증 때문에 유발되는 통증을 풀어준다. 익히거나 말려서 먹으면 근육, 인대, 힘줄 등을 튼튼하게 만든다.

> 🏋 유용 성분을 최대한 추출하는 방법, 우슬물 끓이기

1. 생우슬 뿌리를 깨끗이 씻어 준비한다.
2. 찜기에 우슬을 넣고 15분간 찐 다음 말린다.
3. 말린 우슬을 적당한 크기로 잘라 물에 넣고 센 불에서 끓인다.
   Tip 우슬 100g에 물 2ℓ 정도.
4. 물이 끓기 시작하면 약한 불로 줄여 1~2시간 정도 더 끓인다.

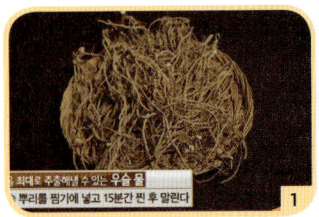